AF815513

EXPANDIS,
UNE DYNAMIQUE
AGRICOLE

DU MÊME AUTEUR

La Pérégrination vers l'Occident,
De Pékin à Paris, le voyage de deux moines nestoriens
au temps de Marco Polo, Genève, Olizane, 2020
Prix littéraire de l'Œuvre d'Orient 2020.

Le code de la propriété intellectuelle n'autorisant, aux termes de l'article L. 122-5, 2° et 3°a, d'une part, que les « copies ou reproductions strictement réservées à l'usage privé du copiste et non destinées à son utilisation collective » et, d'autre part, que les analyses et les courtes citations dans un but d'exemple et d'illustration, « toute représentation ou reproduction intégrale ou partielle faite sans le consentement de l'auteur ou des ayants-droit ou ayants-cause est illicite » (art. L. 122-4). Cette représentation ou reproduction, par quelque procédé que ce soit, constituerait donc une contrefaçon sanctionnée par les articles L. 335-2 et suivants du Code de la propriété intellectuelle.

Editions Jets d'Encre
81 avenue du Bac
94210 Saint-Maur-des-Fossés
www.jetsdencre.fr

ISBN : 978-2-35523-328-9

Pierre Klein

EXPANDIS, UNE DYNAMIQUE AGRICOLE

JETS D'ENCRE ÉDITIONS

*À mon père, grâce à qui je suis tombé tout petit
dans la marmite de la coopération agricole*

À Éric Larive

Pour mes enfants et mes petits-enfants

INTRODUCTION

À l'orée du XXe siècle, l'Aisne possède une réputation de prospérité agricole bien établie. La Thiérache évoque de gras pâturages qui ruissellent de lait. Le Saint-Quentinois et le plateau du Soissonnais sont jalonnés de sucreries et de moulins qui ingèrent goulûment les betteraves et les blés récoltés en abondance sur leurs profonds limons. Le Valois approvisionne Paris en pommes et en poires, le Tardenois en viande bovine et le plateau de la Brie est célèbre pour ses fromages. Le climat tempéré permet des productions régulières et la croissance démographique de la capitale toute proche augure d'une ère de prospérité que rien ne semble pouvoir remettre en cause.

Rien, sauf un attentat dans la lointaine Sarajevo. Par une tragique réaction en chaîne, les invasions retrouvent leur route millénaire. Après Jules César, après les Barbares, les Francs, les Vikings, après la guerre de Cent Ans contre les Anglais, les pillages des Espagnols, les ravages des Prussiens et des Russes vainqueurs de Napoléon Ier, après les exactions, les saccages et les atrocités des mêmes Prussiens en 1870 dont la mémoire demeure tenace, l'Aisne est dévastée par la Première Guerre mondiale.

De tous les départements de France, c'est l'Aisne qui souffre le plus. Malgré les efforts de la nation, la reconstruction est lente, laborieuse, désespérante dans un pays qui a épuisé toute son énergie dans la bataille. La tâche est trop lourde pour de nombreux agriculteurs pourtant issus de longues lignées villageoises. Une manière de lassitude dépressive et mélancolique vient à bout de leurs ressorts et ils cèdent leurs fermes.

Encouragés par leurs gouvernements, Belges et Néerlandais, enfants de familles nombreuses, relèvent le défi et mettent leurs savoir-faire reconnus au service de la production agricole française. L'activité redémarre dans les soubresauts de la crise économique de l'entre-deux-guerres et, après la cruelle parenthèse de la Seconde Guerre mondiale, l'agriculture du département participe en première ligne à la formidable croissance de la productivité, qui voit par exemple le rendement de blé passer de 25 quintaux par hectare en 1945 à 90 quintaux en 1995.

Une agriculture départementale tout entière sur le chemin de la prospérité. Tout entière ? Non ! Une petite région résiste encore et toujours aux succès du progrès agronomique, c'est la Champagne crayeuse de l'Aisne, extrémité nord de ce qu'on appelait naguère la Champagne pouilleuse, qui s'étend à l'est de Laon sur les sables de Sissonne.

Par nature, les sables retiennent mal l'eau, si bien qu'à la moindre sécheresse les plantes souffrent et les rendements en sont affectés. Déjà à la fin du XIXe siècle plus de 6000 hectares ont été soustraits à l'agriculture pour établir un camp militaire qui a offert au bourg de Sissonne une renommée certaine auprès de générations successives d'appelés du contingent. C'est le plus occidental de ces vastes camps d'entraînement fondés pour protéger les frontières du Nord et de l'Est. S'il fut installé sans récrimination particulière des propriétaires fonciers, c'est bien parce que les terres étaient de peu de valeur agricole.

Ces mêmes terres de la Champagne crayeuse de l'Aisne sont devenues, un siècle plus tard, les plus riches parmi les petites régions du département.

À l'origine de ce retournement, l'introduction de légumes de plein champ et de pommes de terre, dont la régularité et la qualité sont garanties par une irrigation fondée sur l'exploitation d'une nappe phréatique exceptionnellement productive. Quelques agriculteurs pionniers, visionnaires et courageux, ont créé une coopérative agricole dont les principes fondateurs et les évolutions pragmatiques assurent cette prospérité.

AU COMMENCEMENT ÉTAIT UN CETA

À la ferme de Mouchery, sur la commune de Nizy-le-Comte, dans les années 1950, on semait un an sur deux du seigle et, l'année suivante, un troupeau de moutons pâturait les repousses. C'était certes considéré comme archaïque à cette époque, mais c'est un témoignage de l'extrême pauvreté des sols et, partant, de l'agriculture de la région.

À la recherche de la productivité

Au sortir de la Seconde Guerre mondiale, la production agricole constitue un des défis nationaux majeurs. L'approvisionnement en nourriture est si difficile que les tickets de rationnement, les « cartes de pain », ne disparaissent qu'en 1949. L'autosuffisance alimentaire est l'objectif prioritaire de la France. Soutenu par l'aide américaine décisive du plan Marshall, l'État encourage la mécanisation par des prêts à des taux avantageux. Pour initier l'impérative modernisation, il fonde l'Institut national de recherche agronomique (INRA) dont la mission, essentielle, est d'améliorer les techniques de production et la sélection génétique. La recherche privée de semences et de produits de protection des plantes, à commencer par les désherbants, enregistre parallèlement des succès rapides.

Ces résultats de la recherche agronomique, obtenus dans une situation singulière, doivent être confirmés dans chaque contexte. La diversité des conditions pédoclimatiques nécessite une phase d'adaptation entre cette recherche et son application locale. Un truchement entre les laboratoires et les champs. Cette indispensable vulgarisation est, elle aussi, assurée par l'État dans les départements, qui disposent tous à l'époque d'un directeur des Services agricoles chargé de la diffusion du progrès technique. Les chambres d'agriculture, à l'échelle départementale elles aussi, s'emparent à leur tour du sujet dans l'immédiat après-guerre. Ces deux acteurs, souvent âprement concurrents, ont des positionnements analogues. Leurs techniciens, sans aucun doute compétents, demandent aux agriculteurs de recevoir un savoir délivré d'en haut, d'accepter la « bonne parole » de ceux qui savent.

Formés par la JAC[1], les jeunes agriculteurs d'après-guerre recherchent autonomie et responsabilités. Après les bouleversements dont elle vient d'être témoin, cette génération, incapable de faire confiance aux générations antérieures qui ont conduit l'Europe et le monde au désastre, exige de se prendre en main elle-même. Des groupements se forment, qui veulent expérimenter à leur façon les techniques nouvelles. Ce seront les centres d'études techniques agricoles, les CETA. Le premier est fondé dès 1944 dans la région parisienne. Les réflexions du groupe, ses besoins spécifiques, ses orientations choisies au terme de multiples rencontres, réunions et visites, se traduisent par des expérimentations locales menées par un ingénieur recruté et rémunéré par le CETA. Devenir membre d'un CETA est un engagement fort. Il faut lui consacrer du temps, de l'argent, de l'imagination tout en acceptant les contraintes et les disciplines d'un groupe, mais les résultats sont là. Les CETA, dès les années 1950, sont à l'avant-garde du développement agricole.

L'Aisne est un terrain fertile pour l'implantation des CETA, soutenue par le niveau de formation supérieur de nombre d'agriculteurs. Les succès sont rapides. Les CETA de Marle

1. JAC : Jeunesse agricole catholique.

ou de Soissons deviennent des références nationales en matière de production céréalière.

Changer de regard

Un CETA est créé à Saint-Erme, village tout proche de Sissonne. La détermination et la persévérance des agriculteurs sont au rendez-vous. Pas les résultats. Il faut se rendre à l'évidence : pas plus que les anciennes, les techniques nouvelles ne permettent d'obtenir en sables les mêmes niveaux de production de céréales qu'en limons. Les sables « brûlent » l'humus, retiennent mal les éléments minéraux et surtout ils demeurent inéluctablement sensibles à la sécheresse. Les travaux de l'ingénieur permettent d'améliorer un peu les rendements, mais ceux-ci restent inférieurs de 20 à 30 % à ceux du reste du département. C'est insuffisant pour assurer la rentabilité, voire la pérennité, des exploitations.

Impossible d'amener la productivité des cultures classiques de la région à un niveau convenable. Face à ce manque patent de compétitivité, inutile de s'entêter. Si la petite région veut sortir de sa pauvreté chronique, il faut chercher ailleurs. Autrement. Et les meilleures idées consistent souvent à changer le regard que l'on porte sur ce que l'on croit bien connaître.

Certains adhérents du CETA cultivent depuis longtemps des carottes sur de petites surfaces. Rien d'extraordinaire à cela. Chacun sait que les carottes se plaisent dans les sables. Les carottes du Laonnois n'ont pas vocation à se retrouver sur les étals des magasins. Ce sont de grosses carottes, coniques et non cylindriques, destinées à des préparations comme les macédoines, les jardinières de légumes ou tout autre plat préparé comprenant des carottes. Elles sont donc principalement destinées à des conserveurs locaux.

Les surfaces sont très limitées, mais la demande progresse chaque année. Les agriculteurs travaillent individuellement. La mécanisation des chantiers est balbutiante et mal adaptée. Les récoltes, à partir de novembre, sont particulièrement éprouvantes. Pourquoi ne pas travailler sur les carottes dans le cadre du CETA ? Apporter à cette culture marginale les capacités du groupe et la créativité de son ingénieur ? Dès le début des années 1970, les carottes sont l'objet d'expérimentations, même si cette culture ne concerne qu'une minorité d'adhérents.

L'ingénieur, Jean-Pierre Van Asten, se passionne pour cette racine orange encore si peu étudiée dans le cadre des grandes cultures. Semis, alimentation, désherbage, protection contre les maladies et les insectes, mécanisation, tous ces aspects sont étudiés.

Plus important encore, si l'on cherche à augmenter la production, il faut préalablement trouver des clients et passer des contrats avec eux. Ils sont, à cette époque, légion. Dans les années 1920, de nombreuses fermes du Bassin parisien ont installé une conserverie à côté de leur distillerie de betteraves. Ainsi, le personnel pouvait être employé tout au long de l'année. La profession s'est, en cinquante ans, profondément restructurée, notamment après la Seconde Guerre mondiale. Mais à l'époque qui nous intéresse, il y a encore quantité d'usines. Elles utilisent principalement des petits pois et des haricots verts. Les grosses carottes ne constituent pour elles, en quantité, qu'un légume secondaire. Pour développer leurs surfaces de carottes, les producteurs du CETA ont donc besoin de nombreux clients.

Au lieu de les démarcher individuellement, ils décident de rester groupés, et c'est ensemble qu'ils négocient leurs contrats. Ils sont ainsi amenés à fonder une association spécifique en marge du CETA.

Vendre avant de produire est la règle dans tous les secteurs industriels. Vendre avant de produire est, à l'époque, rarissime dans l'agriculture française. Cette pratique s'est cependant imposée d'elle-même, dès l'origine de notre organisation, face à l'étroitesse du marché visé. Pour bien vendre, il faut un volume suffisant que seul un groupe discipliné peut assumer sans risques excessifs.

1976-1981 : L'ASSOCIATION DES PRODUCTEURS DE LÉGUMES DU CENTRE-EST DE L'AISNE (APLCEA)

Le temps des pionniers

Onze agriculteurs se réunissent à Saint-Erme, dans les locaux du CETA le 19 mars 1976, sous la présidence de Jacques Cornet. Ils ont entre 30 et 40 ans. Leurs fermes sont de taille moyenne sur des terres sableuses. La rentabilité y est au mieux médiocre, plus souvent franchement mauvaise, mais ils sont décidés à aller, ensemble, de l'avant. Ils fondent une association. Au prix d'une cotisation annuelle de 50 F/ha[2], les statuts prévoient de défendre les intérêts généraux et particuliers de ses membres en préparant et en organisant la production et la mise en marché de leurs produits. Toute nouvelle production agricole est bienvenue, mais ils ne veulent évoluer que dans une petite région aux limites très précises, les cantons de Sissonne, Craonne, Neufchâtel et Laon. Toute la zone des sables de Sissonne est couverte, mais rien de plus. La dénomination d'APLCEA, Association des producteurs de légumes du centre-est de l'Aisne, correspond bien à la réalité !

Le conseil technique et les expérimentations sont toujours assurés par le CETA de Saint-Erme. Pour adhérer à l'APLCEA, il faut par conséquent être membre du CETA. Logiquement

2. 30 €/ha valeur 2020.

Jean-Pierre Van Asten dirige les deux entités. Il en est d'ailleurs le seul salarié. Le règlement intérieur stipule que les adhérents doivent suivre les conseils prodigués par les responsables du groupement, formule qu'il faut comprendre comme une injonction à mettre en œuvre les meilleures pratiques agricoles pour entrer dans les spécifications des clients. La responsabilité pleine et entière des agriculteurs dans les champs nécessitera plus tard une nouvelle rédaction.

En matière de commerce, le groupement est un facilitateur, pas encore un intermédiaire. Il signe les contrats, mais y annexe la liste nominative des producteurs qui doivent les honorer. Ceux-ci en sont les seuls vrais garants. La solidarité entre eux n'existe que par leur volonté partagée de parvenir à bonne fin. Elle ne découle pas encore d'un transfert de propriété au profit de l'organisation. Chacun s'engage à livrer sa production à hauteur des contrats. Au-delà, on est libre de commercialiser le surplus comme on l'entend, au risque de brader les excédents et de permettre aux clients de se constituer des stocks à bon compte, même s'il est indiqué que le groupement s'efforcera d'écouler les quantités dépassant les contrats. Précaution utilement explicitée : un adhérent de l'APLCEA ne peut pas fournir un client du groupement en direct pour quelque légume que ce soit.

Les contrats sont précis et complets. Ils comprennent un cahier des charges portant sur les calibres et les défauts maximums tolérés, un tonnage reposant sur une surface et un prix entièrement défini. Bref, ce sont de vrais contrats.

Une discipline librement consentie

Dans la logique d'une relation contractuelle, c'est le client qui définit la qualité qu'il recherche et donc la variété à cultiver. Comment pourrait-il en être autrement ?

Pour assurer l'équité entre les producteurs, le prix à la tonne est inversement proportionnel au potentiel de rendement des variétés. Encore faut-il connaître avec précision ce rendement. À partir de 1981, les parcelles sont systématiquement mesurées par un géomètre. Une caisse de péréquation est instituée. Les indemnisations nécessaires sont équilibrées par un prélèvement sur l'ensemble des livraisons.

Des analyses de résidus, à la charge de l'APLCEA, sont prévues. Innovation originale pour l'époque, une fiche technique détaillant les interventions sur la parcelle doit être tenue à jour. Le règlement intérieur envisage, dès la création de l'association, toutes les situations où l'intérêt personnel d'un producteur pourrait contrevenir à celui du groupe et les garde-fous idoines sont posés préventivement. Comme si les tentations étaient fortes. Comme s'il fallait lutter contre soi-même. Nous verrons, au cours du développement de notre organisation, combien ce point qui peut sembler secondaire, voire anecdotique, est en réalité central.

Et déjà les fondateurs présentent la qualité des livraisons et le respect des engagements comme l'image de marque du groupement.

Conscients de la valeur du travail innovant accompli les initiateurs, qui se sont engagés sous le regard vaguement suspicieux de leurs voisins, veulent clairement en recueillir les fruits. Ainsi, en cas de hausse de la demande, il est prévu que les créateurs du groupement seront les premiers servis. En cas de baisse, les statuts précisent que les derniers arrivés seront contraints de se retirer. Avec une prétention fraîche et naïve, on présume une attractivité du groupement telle que, dans un contexte irréalistement exempt de compétition, les fondateurs parviendraient à se protéger.

Les débuts sont modestes. Pour la première campagne, les onze producteurs du départ sèment un total de 43 hectares de grosses carottes destinées à la déshydratation. Pas plus de 4 hectares chacun en moyenne. Bien leur en a pris. L'année est mal choisie. 1976. La sécheresse historique. Certaines parcelles refusent de lever. On sème une deuxième fois, une troisième fois ! Les résultats sont lamentables. L'objectif de rendement des contrats était pourtant extrêmement raisonnable : 30 t/ha seulement. Une année favorable et le rendement auraient pu atteindre 50 voire 60 t/ha. Mais en 1976 l'APLCEA n'a livré que 1300 tonnes sur les 5800 prévues, soit 11,5 t/ha. Un désastre. Et pourtant...

En céréales la situation est encore pire. Un vent de faillite souffle sur la plaine. Les cultures classiques ne peuvent pas permettre, dans la région de Saint-Erme, de surmonter le revers financier. Trouver d'autres productions devient impératif, sinon les terres devront être abandonnées. Malgré l'échec initial, en 1977, les semis de grosses carottes destinées à la déshydratation s'étendent sur 70 hectares. Mieux encore, l'APLCEA introduit chez ses adhérents, sur 30 hectares, une nouvelle culture : les jeunes carottes.

Les jeunes carottes

Lancées en 1968 par la société Bonduelle, les conserves de pois-carottes ont, neuf ans plus tard, trouvé leur marché. Il est nécessaire de développer la production et ce n'est pas simple. Il faut disposer de semoirs permettant une répartition dense et régulière des graines afin que les carottes, freinées par la concurrence qu'elles exercent les unes sur les autres, ne puissent pas grossir exagérément. Il faut une machine de récolte tout à fait spécifique qui saisisse les carottes par les feuilles et les équeute délicatement. L'essentiel est d'arracher les carottes quand les petits pois sont à l'exacte maturité. Mais les petits pois sont fragiles. S'il fait chaud, il arrive qu'un jour ils soient trop petits et s'écrasent dans les machines, que le lendemain ils soient suffisamment solides et tendres à souhait, et que le surlendemain ils soient devenus trop durs et immangeables. Réaliser un plan de semis de pois en vue d'organiser un approvisionnement régulier des conserveries est un art difficile, les prévisions étant chaque année bousculées par la moindre péripétie météorologique. Or les carottes doivent entrer le même jour dans la même boîte que les pois. Non seulement il faut que le rendement et le calibre des carottes soient convenables lors de la maturité des pois, mais il faut pouvoir en plus les récolter au même moment. La production de jeunes carottes demande donc des terres dans lesquelles on puisse entrer facilement à l'époque des semis et surtout qui supportent le passage des engins de récolte, quelles que soient les conditions.

Les régions propices à la culture des petites carottes sont peu nombreuses dans le nord de la France. Bonduelle s'est installée dans le Ponthieu, la région d'Abbeville. En 1977 ses concurrents conserveurs cherchent à leur tour des petites carottes. Les terres du Laonnois sont adaptées. L'APLCEA saisit l'occasion et passe des contrats avec la Compagnie générale de conserve et avec Saupiquet.

La culture des petites carottes est délicate et nécessite une maîtrise qui ne s'improvise pas. Il faudrait disposer d'un technicien spécialisé, mais l'étroitesse des surfaces ne le permet pas. L'APLCEA embauche des stagiaires pour résoudre les problèmes pratiques les plus criants et s'appuie avant tout sur la motivation de ses adhérents.

Une CUMA[3], composée des mêmes membres que l'APLCEA, fait l'acquisition de matériels spécifiques aux légumes : deux semoirs, une arracheuse de pommes de terre modifiée pour les grosses carottes, une arracheuse tractée à deux rangs pour les jeunes carottes et une sauterelle pour les chargements. Jacques Cornet prend la présidence de la CUMA et cède celle de l'APLCEA à Jean-Pierre Lemoine, jeune agriculteur récemment venu du Soissonnais.

À projet précis, structure spécifique. Autre décision prise dès l'origine qui sera déterminante pour la pérennité de notre organisation. Même si la CUMA dépend du groupement, et

3. CUMA : coopérative d'utilisation de matériel agricole.

réciproquement, leurs objets sociaux sont différents. Il est donc prudent de créer deux sociétés distinctes. À chaque étape du développement, cet état d'esprit permettra de prendre des risques sans remettre en cause les acquis. La CUMA se situe néanmoins clairement dans l'orbite de l'APLCEA. Il n'est pas question pour elle, malgré les demandes répétées, de mettre son matériel à disposition d'usines ou de producteurs qui n'ont pas de contrat avec l'APLCEA.

L'irrigation comme assurance

L'accident climatique majeur de 1976 a démontré que les nouvelles cultures ne sont pas moins sensibles à la sécheresse que les céréales. Pire, les dépenses engendrées, tant en investissements dédiés qu'en intrants, sont bien plus élevées pour les légumes. Les risques financiers encourus sont de ce fait plus importants que dans les productions classiques. Corrélativement, les marges espérées sont supérieures. Les producteurs doivent donc chercher les moyens de sécuriser ces marges. Les ressources naturelles de la région en offrent la possibilité.

Sous les sables, une épaisse couche de craie exceptionnellement bien fissurée regorge d'eau. Une des nappes phréatiques les plus productives de France. Creuser un puits, installer une pompe et des tuyaux, disposer d'un enrouleur, c'est en définitive payer une prime d'assurance. Rien n'est techniquement compliqué puisque le niveau de l'eau se situe entre cinq et dix mètres de profondeur, mais l'irrigation est balbutiante dans l'Aisne et les exploitants concernés par la production de légumes peu prospères. Soutenus par la résolution du groupe, ils font à nouveau preuve d'un authentique courage. Ils vont trouver des banques et celles-ci osent leur prêter les fonds nécessaires. Des concessionnaires de matériel agricole se lancent dans un nouveau métier. L'administration, alors, aide activement à l'exploitation de notre ressource naturelle majeure.

La craie est cependant loin d'être homogène. Si certains nouveaux irrigants obtiennent des puits fonctionnels dès le premier forage, d'autres mènent jusqu'à quatre tentatives infructueuses avant de réussir à la cinquième. Les résultats sont néanmoins spectaculaires : dès 1978, plus de 80 % des surfaces de jeunes carottes sont irriguées. Bientôt, pour semer des légumes, l'APLCEA enjoindra à ses adhérents de disposer d'une capacité d'irrigation adéquate. Pas d'irrigation, pas de contrat. L'aléa de rendement est amoindri au profit des producteurs comme des transformateurs. La filière est sécurisée pour le bien de tous.

Le sérieux de l'APLCEA, vite reconnu auprès des professionnels, lui permet d'élargir sa clientèle.

Croissance et diversification

En 1978 l'APLCEA introduit 30 hectares de salsifis[4]. Une autre production compliquée qui, semée en avril, est récoltée durant l'hiver, de décembre à février, voire mars ou avril les années difficiles. Encore une culture qui a besoin de terres légères capables de supporter une récolte en toutes conditions météorologiques. Encore une culture très technique qui nécessite un soin attentif, notamment pour le désherbage, car elle ne couvre jamais totalement le sol. Les salsifis étaient jusqu'alors produits essentiellement en Belgique. L'APLCEA permet de rapprocher la production des usines.

Les clients demandent des salsifis, mais les adhérents sont peu motivés. Ils rechignent, car la culture est vraiment délicate. Les clients insistent. L'APLCEA considère qu'elle doit donc

---

4. Les plantes que nous cultivons sont, d'un point de vue botanique, des scorsonères, c'est-à-dire des plantes dont la racine possède une peau noire et une chair blanche, alors que les salsifis ont la peau blanche. Je dois avouer n'avoir jamais vu de salsifis, mais le langage courant a retenu ce mot. Par conséquent nous allons, dans la suite du texte, appeler salsifis des cultures qui sont en réalité des scorsonères.

leur en fournir. L'association décide alors que, pour pouvoir cultiver des jeunes carottes, reconnues pour être rémunératrices, il faudra aussi faire pousser des salsifis. Méthode simple et efficace. Autoritaire ? Peut-être, mais le développement est à ce prix et les salsifis seront bientôt, et de loin, les légumes les plus rentables.

La même année, les surfaces de jeunes carottes doublent. Pour faire face à la demande, l'association doit étendre sa zone d'activité. L'assemblée générale décide d'y adjoindre les cantons d'Anizy-le-Château, de Crécy-sur-Serre et de Marle. Ce n'est toujours qu'une partie de l'arrondissement de Laon.

Les surfaces augmentent encore l'année suivante. Les petites carottes deviennent la spécialité reconnue de l'APLCEA avec 125 hectares. Il faut ajouter 45 hectares de grosses carottes, 40 hectares de salsifis, 15 hectares d'oignons destinés à la déshydratation et 17 hectares de haricots verts. 242 hectares au total. Un quasi-doublement chaque année. Une nouvelle production chaque année. Les agriculteurs de la région sont de plus en plus intéressés. Les 11 adhérents de l'origine sont maintenant 24 et produisent en moyenne 10 hectares de légumes.

La sympathique audace initiale doit se traduire en une stratégie explicitée. L'APLCEA a besoin d'une organisation mieux étayée. Cela se concrétise par exemple par l'achat du premier ordinateur, la comptabilité étant jusque-là entièrement manuelle.

Les documents de l'époque insistent sur deux points qui demeureront au cœur des développements ultérieurs : la qualité des productions et la volonté de répondre aux besoins des clients transformateurs explicités dans leurs cahiers des charges, depuis la définition du produit jusqu'à la logistique de livraison. Et, bien entendu, la croissance des surfaces ne se réalise pas au détriment des prix de vente. L'APLCEA n'a qu'un seul but : l'amélioration des revenus de ses adhérents rendue possible par le groupe.

Structuration

La progression de l'activité nécessite de nouveaux moyens. En 1981, Jean-Pierre Van Asten renonce au CETA et devient directeur à plein temps de l'APLCEA. Son épouse, embauchée à temps partiel, assure les tâches administratives et un stagiaire renforce l'équipe pendant la récolte des jeunes carottes. Selon Roger Lemaître, président de l'ANPLC[5] et membre de l'APLCEA, « *le groupement est dans la bonne voie, mais l'orientation est très difficile, car elle est à contre-courant de la démarche des industriels* ». En effet, les industriels préfèrent traditionnellement traiter directement avec « leurs » producteurs. Néanmoins, ils doivent vite reconnaître que l'efficacité de l'intermédiation du groupement sécurise leur approvisionnement. La proposition de service du groupement devient plus légitime d'année en année. Celui-ci n'hésite pas à écrire à ses clients : « *Les producteurs s'engagent à se plier à une discipline rigoureuse et nécessaire afin d'expédier la qualité souhaitée dans les délais prévus.* » On ne saurait être plus clair. Le client est bien le donneur d'ordre et l'APLCEA l'intermédiaire qui permet d'assurer la bonne fin du contrat.

Les techniques de production s'affinent. Semis, fertilisation azotée et protection des cultures sont mieux maîtrisés. La précocité des jeunes carottes est appréciée par les clients. En grosses carottes, les rendements sont bons et la production dépasse les engagements contractuels. Le groupement observe que ses excédents sont bradés et réfléchit à une stratégie permettant de garantir une marge brute au lieu de raisonner en prix de vente. Sans solution concrète pour l'heure.

Avec l'augmentation du nombre de clients, l'APLCEA constate que les réceptions diffèrent selon les destinations. Au lieu de remettre en cause les analyses réalisées par les usines,

---

5. ANPLC : Association nationale des producteurs de légumes de conserve.

le groupe choisit, de manière pragmatique, de différencier les prix d'achat des légumes aux adhérents en fonction des clients.

Certains transformateurs se plaignent de recevoir trop de terre. Dans un premier temps, on décide de réserver la culture des carottes aux terres les plus sableuses, quitte à restreindre les surfaces. Limitation qui entrave momentanément le dynamisme et le développement.

	1976	1977	1978	1979	1980	1981	1982
	Surfaces des légumes						
Jeunes carottes	0	0	0	0	24	50	63
Grosses carottes	3	0	0	0	0	29	70
Salsifis	0	0	0	9	0	10	28
Oignons	0	0	0	4	5	0	0
Total	**3**	**0**	**80**	**17**	**45**	**9**	**61**
Évolution	**0%**	**33%**	**0%**	**1%**	**5%**	**7%**	**5%**

La croissance se fonde sur l'organisation du groupe. L'innovation dans de nouvelles productions et l'investissement collectif dans la CUMA ou individuel dans l'irrigation permettent de sécuriser à la fois les producteurs et les transformateurs en stabilisant les rendements. Le portefeuille de clients s'élargissant, des différences apparaissent tant en ce qui concerne la productivité des variétés que les réceptions en usine. Le groupe trouve les premières solutions pour garantir l'équité entre les adhérents et ainsi consolider sa croissance.

1982 : LA CRÉATION DE LA COOPÉRATIVE AISNE LÉGUMES (COOPAL)

Laver ou ne pas laver, telle est la question

L'APLCEA expédie ses jeunes carottes « brut de champ », telles que les arracheuses les ont sommairement déterrées. La proportion de feuilles, de cailloux et de terre peut facilement atteindre 50 %. Dans ces conditions, les coûts de transport deviennent vite prohibitifs. Ils empêchent de livrer les industriels de la région d'Orléans ou de Bretagne. Les usines des clients ne doivent pas être trop éloignées de Laon. Or dans cette région, Bonduelle occupe une place de plus en plus hégémonique. Elle est devenue la première cliente de l'association et, pour 1982, elle veut encore augmenter ses achats de 20 %.

Accéder à sa demande, c'est accepter que cette société achète plus de la moitié de la production. C'est contrevenir à la stratégie de diversification de la clientèle décidée naguère par l'assemblée générale de l'association : un acheteur ne doit pas représenter plus de 25 % du chiffre d'affaires. C'est renoncer aux efforts commerciaux menés depuis la création de l'APLCEA. C'est à terme, perdre son indépendance.

Refuser, c'est se priver d'un client majeur dont on perçoit bien l'avance qu'il a déjà acquise sur ses concurrents. C'est diminuer brutalement les surfaces. C'est, à coup sûr, amener Bonduelle à développer elle-même une production dans le Laonnois. Une concurrence locale qui empêchera tout essor de l'association. Pour l'APLCEA, c'est une perspective d'asphyxie. Pour les producteurs, c'est renoncer à la maîtrise de leur destinée.

Double impasse. Et pendant ce temps, des fournisseurs belges installent chez eux des ateliers de lavage qui leur permettent de fournir les usines qui n'ont pas la capacité de laver elles-mêmes des carottes. Actifs dans le nord de la France, ils peuvent à présent concurrencer l'APLCEA.

Une seule issue : construire une station de lavage dans le Laonnois.

Une première timide tentative d'installation de dessablage, bricolée sur les pistes de l'ancien aérodrome de Samoussy, se solde par un échec. Le débit est insuffisant et le résultat très en deçà des attentes des clients. Il faut passer à un stade vraiment professionnel.

L'équipe de l'APLCEA et son directeur se mobilisent dès l'été 1981 pour monter un projet. Trouver un emplacement. La commune de Montaigu n'en voulant pas, ce sera à Marchais. Concevoir une succession de matériels qui devront éliminer les fanes, le sable et les cailloux. Contacter des fournisseurs, visiter leurs réalisations, intégrer leurs propositions dans une chaîne innovante et cohérente. Et aboutir à un *business plan.* L'administration s'engage aux côtés des producteurs en accordant une subvention. Le Crédit Agricole est disposé à prêter. Sur une base de 700 hectares, compte tenu d'un emprunt couvrant 40 % de l'investissement, les producteurs doivent apporter 1500 F/ha[6]. C'est une somme ! Et cela évoque de mauvais souvenirs.

Dans les sables, on cultive également des asperges. C'est une culture très spéculative dont les prix fluctuent au jour le jour en fonction de la quantité disponible, une culture également très gourmande en main-d'œuvre. Les surfaces sont par

6. 510 €/ha valeur 2020.

conséquent limitées chez chaque agriculteur. Quelques années auparavant, des producteurs décident de monter un centre de conditionnement collectif. L'échec est immédiat. Faute d'une règle explicite et partagée, les meilleurs lots continuent d'être commercialisés individuellement et le centre ne récupère que la qualité médiocre. La faillite, totale, est douloureuse et plusieurs adhérents de l'APLCEA ont été concernés. Or voici qu'on demande aux mêmes, ou à leurs successeurs, de prendre un risque bien plus important, un financement bien plus élevé. Certains sont définitivement échaudés.

Les discussions sont vives, animées, parfois même un peu plus. Chacun a bien conscience que ce choix sera déterminant pour son avenir professionnel. Il faut un engagement de 500 hectares rien qu'en petites carottes. Une première réunion se tient à Sissonne en décembre 1981. Tous les agriculteurs présents veulent continuer de produire des jeunes carottes, mais les uns reculent devant ce qui leur apparaît comme un investissement excessif alors que les autres y voient la garantie de leur pérennité. La journée est un échec : 350 hectares seulement sont engagés et l'on se quitte sans prendre de décision. La station de lavage ne sera vraisemblablement pas construite.

Les plus convaincus de la pertinence du projet ne renoncent pas et soulignent qu'une majorité de producteurs est prête à y participer. Jean-Pierre Lemoine, qui avait prévenu que c'était pour lui la dernière année de présidence, n'en fait pas partie. Il préfère le *statu quo*. Alain Dellis, lui, est un des partisans résolus du lavage des carottes par l'association. Il peaufine les plans et provoque une nouvelle réunion début janvier 1982. Celle-ci se tient dans la salle des fêtes de Marchais. Second épisode d'échanges vigoureux et véhéments à l'issue desquels les producteurs sont prêts à engager 400 hectares de jeunes carottes. Il en manque encore une centaine. L'assemblée va alors faire preuve d'un volontarisme remarquable. Alain Dellis parvient à faire partager sa conviction : si l'APLCEA ne dispose pas d'une installation de lavage, c'en sera rapidement fini de l'autonomie de l'association. La production de carottes sera inéluctablement intégrée par les transformateurs et tous les efforts passés auront été vains. Même si 400 hectares sont théoriquement insuffisants, il convient de se jeter à l'eau et de faire preuve de hardiesse. Un *business plan* n'est après tout qu'une conjecture. Les participants le suivent. La station de lavage sera bel et bien construite.

Une fois la décision prise de se lancer dans l'aventure, que deviennent les producteurs qui ne se sont pas engagés ? Quatre possibilités s'offrent à eux : soit ils cessent de cultiver des jeunes carottes, soit ils s'organisent entre eux pour créer une nouvelle structure capable de les semer et de les récolter, car la CUMA reste une exclusivité de l'APLCEA, soit ils s'en remettent à un transformateur, soit ils rejoignent leurs associés de l'APLCEA et s'engagent à leur tour à financer la station. Le dynamisme collectif généré par l'APLCEA est d'une puissance insoupçonnée. En effet, tous les producteurs choisissent cette dernière solution. Tous décident de participer au projet, qui, du même coup, se trouve considérablement renforcé. L'habitude de travailler ensemble et la confiance mutuelle développée au sein du groupe ont permis de surmonter l'obstacle, si bien qu'en avril 1982 ce sont 463 hectares de jeunes carottes, 170 de grosses carottes et 128 de salsifis qui sont engagés. Un total de 761 hectares dépassant de près de 10 % l'objectif initial de 700 hectares.

La coopérative

Le statut associatif n'est pas adapté pour un investissement tel que celui qui vient d'être décidé. En droit français, la création d'une coopérative est la solution qui s'impose. Le 15 février 1982 se tient donc l'assemblée générale constitutive de la coopérative Aisne Légumes, la Coopal. L'APLCEA lui apporte ses actifs et, n'ayant plus d'objet, est aussitôt dissoute. Remarquons que du centre-est de l'Aisne on passe au département tout entier !

Alain Dellis est logiquement élu président de la Coopal et Jean-Pierre Van Asten, qui a intensément contribué à sa fondation, est nommé directeur. Jean-Pierre Lemoine en est le secrétaire. Les anciens sceptiques sont ainsi partie prenante de la nouvelle coopérative au même titre que ses anciens promoteurs. L'indispensable consensus, clef de la gouvernance coopérative, est de cette façon obtenu dès l'origine.

On est déjà en février. La récolte des jeunes carottes démarre fin juin. La station devra être prête. Les administrateurs et le directeur travaillent d'arrache-pied. Pour construire la station, il faut un maître d'œuvre. Il y en aura deux qui travailleront en collaboration efficace. Le premier est une société d'ingénierie régionale, le cabinet Gnat, ce qui semble naturel puisque c'est son métier. Le second paraît, vu de 2020, beaucoup plus surprenant. Incongru. Il s'agit de la DDA. Oui, la direction départementale de l'Agriculture était, à l'époque, habilitée à soutenir des projets privés et à contribuer à leur réalisation. Ainsi les ressources de l'État pouvaient être mobilisées concrètement au service du développement économique. Naturellement ces prestations étaient facturées, mais l'administration se tenait en l'occurrence aux côtés des entreprises et comprenait ainsi leurs réalités quotidiennes. Ce n'est que progressivement que les représentants de l'État en région ont été recroquevillés sur leurs fonctions de contrôle et de répression.

Première alerte, dès 1982 : l'Agence financière de bassin Seine-Normandie exige l'installation d'un bassin de décantation étanche alors même que les débris organiques issus du lavage sont infimes en proportion de la terre. Voici déjà la Coopal aux prises avec des surcoûts dus à des normes exorbitantes. Elle éludera le plus longtemps possible, mais en 1987, elle devra se résoudre à obtempérer.

Les parts sociales de la Coopal doivent être libérées pour le 31 mars. Sans versement, aucun semis n'est possible. Constatant la résolution des adhérents de la coopérative et l'engagement des pouvoirs publics à leurs côtés, les banques prêtent ce qui est nécessaire.

Les souscriptions de parts sociales et la répartition des charges de la coopérative étant attachées aux surfaces, il convient de déterminer celles-ci avec précision. Le conseil d'administration décide, dans la continuité de l'APLCEA, de maintenir le mesurage des parcelles par un géomètre. Comme la traçabilité relie la production à une parcelle identifiée, cette décision permet également d'avoir une connaissance précise et exhaustive des rendements. Et sur cette base, la Coopal pourra mettre au point des mécanismes de compensation destinés à garantir l'équité entre les producteurs. Équité qui est gage de la confiance envers l'entreprise et, en dernier ressort, de sa pérennité. Ce mesurage systématique, facilité par les moyens numériques, demeure aujourd'hui une spécificité de notre organisation.

Le terrain choisi pour construire la station appartient au Domaine de Marchais, propriété du prince de Monaco. Un échange est organisé avec la commune et celle-ci loue la parcelle à la coopérative par un bail emphytéotique. Le Domaine de Marchais sera, dès l'origine de la Coopal, un adhérent fidèle et le plus important producteur de jeunes carottes.

Professionnalisation

Un agent administratif est embauché, ainsi qu'un technicien, Éric Larive. Celui-ci se consacre au suivi des cultures et met en place des essais. La recherche agronomique, aussi bien officielle que privée, est peu développée pour les légumes à cause de leurs surfaces limitées. Semences, fumure, protection des cultures, il faut tout tester, tout adapter aux conditions locales. Et seule la coopérative peut le réaliser. La Coopal - et maintenant Expandis - sera donc amenée à étoffer son service culture. L'inventivité de ce service, sa capacité d'innovation et son sérieux font partie des points forts de la coopérative qui lui assurent la confiance de ses clients comme de ses producteurs.

Le matériel de la CUMA n'est utilisé que quelques mois dans l'année. Dans ces conditions, impossible d'embaucher des salariés spécialisés. Le matériel est donc mis en œuvre par les agriculteurs eux-mêmes. Il se transmet de main en main, si bien que son entretien en pâtit, ce qui finit par perturber les récoltes. En installant la station de lavage, non seulement on est passé formellement de l'APLCEA à la Coopal, mais plus fondamentalement d'un groupe de producteurs vendant des légumes en s'appuyant sur une association à une entreprise qui fournit des légumes et des services sous sa marque. Le défi est dorénavant de valoriser ces services auprès des clients au bénéfice des producteurs. Encore faut-il que ces services soient utiles, réels et assurés. Parmi ceux-ci la ponctualité constitue un élément essentiel. Les usines doivent disposer d'un approvisionnement fluide et régulier, rapidement adaptable en fonction de la maturité des différents légumes et des programmes de fabrication. Impossible de supporter des retards causés par des pannes sur les chantiers de récolte. Il faut donc confier ces chantiers à des professionnels qui disposent du personnel et des moyens nécessaires pour faire fonctionner le matériel spécifique sans anicroche. La CUMA n'est pas en mesure de le faire. Elle décide d'externaliser les chantiers tout en s'assurant qu'ils ne pourront pas servir à d'éventuels concurrents. La solution réside dans la contractualisation. La CUMA va rester propriétaire des matériels, mais déléguer leur utilisation à deux entreprises de travaux agricoles (ETA) afin de ne pas tomber sous la dépendance d'un unique prestataire.

La CUMA sera finalement dissoute. Au gré de l'évolution des réglementations et du renouvellement des matériels, ceux-ci seront soit la propriété du groupe, soit celle des ETA, mais toujours ils seront choisis par la coopérative et à l'usage exclusif de ses membres. Quant aux tarifs, la confiance s'étant installée, ils seront fixés en fonction des coûts réels après des discussions menées à livre ouvert. Ainsi convergent les intérêts des clients, des ETA, de la coopérative et des producteurs. Le service, de qualité, est rendu dans les meilleures conditions de prix et de pérennité.

Dès lors, la Coopal s'attachera en toutes circonstances à cultiver des contrats, et à faire appel à des professionnels des différents métiers pour se concentrer sur le sien propre : l'intermédiation commerciale qui permet de sécuriser les filières tout en abaissant leurs coûts. C'est ainsi que des camions arboreront les couleurs de la coopérative tout en appartenant à un transporteur. C'est ainsi que les expérimentations agronomiques seront réalisées par une société spécialisée à l'initiative et sous le contrôle du service technique. Notre organisation reste une entreprise de petite taille par le nombre de collaborateurs directs, mais elle est en réalité le chef d'orchestre de plusieurs centaines d'acteurs.

La station est construite en un temps record, preuve que les délais administratifs n'étaient pas, alors, une fatalité dans notre pays. Les travaux commencent en mars pour un démarrage prévu fin juin. Finalement, fin juillet, elle tourne. Comme il fallait s'en douter, les débuts sont chaotiques mais des carottes correctement lavées partent chez les transformateurs.

Certains d'entre eux sont surpris, voire choqués, que des producteurs osent, en quelque sorte, accaparer une partie de leur métier. Cependant ils comprennent rapidement que la Coopal leur évite des frais inutiles en prenant en charge la partie ingrate de leur activité, ce qui leur permet de mieux se consacrer à la satisfaction de leurs propres clients. En lavant les légumes, la Coopal ne s'engage pas dans la transformation. Elle n'imagine pas un instant concurrencer ses clients. Elle leur propose simplement un service qui va leur permettre d'abaisser leurs coûts.

L'association était un groupe de producteurs qui gardaient individuellement une certaine autonomie commerciale, leur nom figurant sur les contrats. En passant en coopérative, c'est le groupe qui devient une véritable entreprise, avec une vraie stratégie de service. En concentrant le lavage à Marchais, des économies d'échelle sont possibles sur bien des postes de dépenses, de ce fait les frais d'approvisionnement pour les transformateurs diminuent alors même que la marge des producteurs augmente.

La Coopal est devenue un intermédiaire utile qui sécurise la filière et en abaisse les coûts pour le plus grand profit de ses adhérents. Depuis lors, nous n'avons cessé de décliner ce concept.

LA TENTATION DE CHANGER DE MÉTIER : LÉGUTRANS ET DÉSHYLAON

Escroquerie aux légumes

Dès 1978, l'APLCEA cultive des oignons et des grosses carottes destinés à la déshydratation. Ils sont notamment livrés à un industriel établi à Auxonne depuis 1968, Pierre Millière. En 1981, Bernard Serre, agriculteur et entrepreneur vibrionnant, propose à celui-ci d'acheter son entreprise. Les conditions financières sont attrayantes. Pierre Millière accepte tout en restant directeur. Mais en juin 1982, il est évincé au profit de Pierre Serre, un oncle de Bernard. C'est le début d'une gestion frauduleuse où les traites de cavalerie entre les nombreuses sociétés de la galaxie Serre deviennent monnaie courante.

Le groupe de production et de transformation de légumes que Bernard Serre a monté en moins de dix ans, avec le soutien du Crédit Agricole du Gard et des pouvoirs publics qui voyaient en lui l'homme providentiel capable de structurer une filière légumes nationale, s'effondre en 1983. Les pertes sont de l'ordre de 100 millions d'euros[7]. Bernard Serre passe six mois en détention provisoire. Il sera condamné par le tribunal de Montpellier à cinq ans de prison avec sursis pour banqueroute, escroquerie, abus de confiance et abus de biens

7. Valeur 2020.

sociaux. Dès septembre 1982, la Coopal décide de ne livrer de légumes à Auxonne qu'après en avoir reçu le règlement. Finalement, grâce à la multiplicité de ses clients, elle ne perdra dans l'affaire que 27 000 euros[8]. À l'inverse, des milliers de producteurs isolés, n'ayant pour la plupart qu'un seul client, ont, faute d'alternative, fourni leurs légumes à Bernard Serre et ne sont pas du tout payés. La tentative brouillonne d'organisation de la filière explose. Un argent et un temps précieux ont été gaspillés. Les concurrents des pays voisins savent en profiter. Moralité : méfions-nous des hommes providentiels et des croissances exponentielles opaques, même s'ils sont soutenus par des personnalités qui semblent sérieuses et responsables. Les escrocs ne se rencontrent pas que dans les romans, ils existent aussi dans la vraie vie. Et un bon escroc est, par nature, sympathique.

Légutrans

Revenons à Pierre Millière. Après avoir quitté l'entreprise dont il fut propriétaire, il achète un four de déshydratation, réputé être le plus gros d'Europe, et l'installe aux Pays-Bas. Hélas ! l'usine est située en bord de mer, tout près d'une agglomération. Les odeurs sont insupportables. Au bout de deux mois, il faut fermer. Définitivement. Sur la route d'Auxonne, où il a gardé des attaches, Pierre Millière s'arrête à la Coopal pour rendre visite à Jean-Pierre Van Asten. On raconte qu'au fil de la conversation, il propose subitement à celui-ci d'acheter le four afin de le remonter dans l'Aisne. Jean-Pierre Van Asten est toujours à l'affût de nouvelles idées, de nouveaux projets. Il a prouvé son dynamisme, passant du CETA à l'APLCEA puis à la Coopal. Pourquoi ne pas rapatrier le four en France ? À Marchais ?

8. Valeur 2020.

Très vite une société, Légutrans, est créée. Jean-Pierre Van Asten réussit à réunir des agriculteurs et des patrons de PME autour de lui. Puisqu'il est toujours directeur de la Coopal, il demande à celle-ci, le 20 février 1983, de participer à hauteur de 10 % au capital de son nouveau projet.

Le conseil d'administration hésite. Légutrans est à la fois un potentiel client et un potentiel concurrent. Une participation financière ne peut être envisagée que si Légutrans s'engage à ne pas acheter de légumes directement à des agriculteurs dans la circonscription où la Coopal est reconnue coopérative, c'est-à-dire le département de l'Aisne. La Coopal veut y être le fournisseur exclusif, la structure d'approvisionnement de Légutrans. Si cette condition est remplie, le conseil estime possible de poser la question de la participation à l'assemblée générale.

Le conseil ne veut pas statuer seul. Il respecte scrupuleusement les limites de sa mission. Il refuse de les outrepasser. La Coopal a été créée par des agriculteurs qui souhaitaient vendre ensemble leurs légumes et les préparer à cette mise en vente en les lavant. Jamais ils n'ont exprimé leur accord pour les transformer ni pour prendre une participation financière déterminante chez un client. Juridiquement le conseil d'administration serait en droit de décider seul. Éthiquement il considère que ce n'est pas dans ses attributions. Il ne se sent pas légitime. La suite montrera à quel point il a été bien inspiré.

Combien de conseils d'administration de coopératives agricoles peuvent s'honorer d'un aussi minutieux respect de la philosophie coopérative ? De la déontologie de leur fonction ? Combien de coopératives se sont éloignées de leur objet social, sous prétexte d'opportunité à saisir, sans questionner explicitement leur assemblée générale ? Sans s'assurer qu'elles étaient mandatées pour une telle évolution ? La crédibilité des coopératives auprès de leurs adhérents en a souvent été atteinte dans ses fondements !

Par souci de transparence au long de la phase de montage du projet, un membre du conseil de la Coopal, Michel Debled, la représente dès ce moment aux réunions de Légutrans. En mars, face au refus de la SDR[9] de participer au capital de Légutrans faute d'actionnaire leader, Jean-Pierre Van Asten demande à la Coopal de prendre 34 % du capital nécessaire. Cette fois, c'est vraiment beaucoup. Pour envisager d'accepter, la Coopal pose ses conditions : il faut qu'elle soit responsable du projet, c'est-à-dire qu'elle le dirige, que le Crédit Agricole s'engage à le financer et que des parrainages techniques viennent le conforter. Ces garanties n'étant pas réunies, la Coopal décide de se retirer.

Le 11 mai 1983, Jean-Pierre Van Asten réitère sa demande. Elle est à nouveau refusée. Vu l'ampleur de la tâche, il se consacre depuis quelques mois entièrement à Légutrans et n'est plus en mesure d'assurer convenablement la direction de la Coopal. Il démissionne et la Coopal recrute un jeune, mais déjà expérimenté, responsable de plaine de Bonduelle, Dominique Lemoine.

Légutrans finira par trouver quelques financements. Des arrhes seront versées à Pierre Millière pour l'achat de son four. Un terrain sera même décapé pour l'installer. Et tout s'arrêtera à cause de l'inconsistance financière du montage.

Légutrans a échoué, mais l'idée de monter une déshydratation de légumes dans l'Aisne n'est pas morte. Elle s'est même dédoublée.

La Sodéleg

Grâce aux arrhes qu'il a reçues des actionnaires de Légutrans, Pierre Millière a les moyens de déménager lui-même son four des Pays-Bas en France. Les productions légu-

9. SDR : Société de développement régional.

mières du Laonnois l'intéressent. Il les apprécie depuis qu'il les connaît grâce à l'APLCEA ! Il choisit de s'établir dans le village d'Athies-sous-Laon qui est traversé par une canalisation de gaz. Il y fonde la Société de déshydratation de légumes (Sodéleg) qui démarre ses activités en 1984. Aujourd'hui leader européen de l'oignon déshydraté, celle-ci est devenue filiale du groupe Alliance, un groupe paradoxal qui profite d'une ombrelle au statut coopératif[10] pour développer une holding regroupant des PME de l'agroalimentaire aux activités très disparates. Rien à voir avec une coopérative qui cherche à valoriser les apports de ses adhérents. Une réussite industrielle et financière sans lien avec le mutualisme ni l'agriculture proprement dite.

Déshylaon

La profession agricole n'est pas en reste. Dès juin 1983, un groupe de travail réunit le directeur de la caisse régionale de Crédit Agricole, Jean Baudin, le directeur de la chambre d'agriculture, Jean Mathieu, le président de l'ANPLC, agriculteur dans le Laonnois et adhérent de la Coopal, Roger Lemaître, le président de la Coopal, Alain Dellis, et quelques autres, la plupart céréaliers en quête de diversification, mais aussi des producteurs de grosses carottes de la Marne à la recherche de nouveaux débouchés. Ils ont le puissant soutien de Paul Baron, le directeur départemental de l'Agriculture de l'Aisne.

Le métier de la déshydratation est en ébullition. Le légume de loin le plus concerné dans le monde est l'oignon. Dans les années 1980, l'oignon déshydraté provient principalement d'Inde et des États-Unis. La production indienne est de qualité inégale et trop médiocre pour les standards européens. Quant à la production américaine, elle est handicapée par la hausse régulière du dollar. En janvier 1981 il fallait 4,50 francs pour

10. La Cobevial, une coopérative de bovins et porcins.

1 dollar. En juin 1983 il en faut 7,70. Et le mouvement ne semble pas devoir s'arrêter. Certes, l'oignon déshydraté est « consolidé au GATT », selon l'expression de l'époque, ce qui signifie que la France s'est engagée à ne pas en taxer l'importation, mais la compétitivité de notre pays paraît solide et des projets émergent un peu partout. Les agriculteurs, inquiets de l'érosion de leurs marges, se laissent gagner par l'illusion de la « remontée de la valeur ajoutée ». En faisant le travail de leurs clients, ils croient pouvoir valoriser nettement mieux leurs productions. Toute la suite de l'histoire montre à quel point ce mirage chimérique fut un coûteux gaspillage.

Je rejoins le groupe de travail. Revenu sur l'exploitation familiale en 1981, j'ai été amené à cesser la production laitière en 1982 et depuis je suis à la recherche d'une diversification qui me permettra de ne pas être totalement à la merci de marchés administrés par les pouvoirs publics comme ceux des betteraves ou des céréales. C'est ma première participation à un groupe et mon premier contact avec les légumes. J'étais loin de me douter que j'y consacrerais l'essentiel de ma vie professionnelle.

Dans l'ensemble, les agriculteurs réunis autour de ce projet de déshydratation sont sociologiquement différents de ceux de la Coopal. Ignorant les réalisations de cette coopérative récente issue d'un territoire réputé pauvre et supposé par conséquent archaïque, ils sont volontiers condescendants, parfois dédaigneux. Pour cette nouvelle usine, qui doit dépasser de beaucoup le cadre des sables, ils créent une autre coopérative, Déshylaon, et rejoignent ainsi le point de vue de Dominique Lemoine et d'Alain Dellis qui n'admettraient pas de mener de concert à la Coopal la commercialisation de légumes à des clients transformateurs et la transformation elle-même. Ils sont bien avisés. La déconfiture de Déshylaon aurait emporté la Coopal si celle-ci s'était lancée dans la déshydratation et, avec elle, pour des lustres, toute idée de coopérative de mise en marché de légumes dans notre région. Malgré de multiples sollicitations ultérieures, la Coopal, Prim'allia et maintenant Expandis ont toujours refusé de sortir de leur métier de la vente de légumes en l'état. Ce serait concurrencer ses propres clients. Absurde.

En revanche rien n'empêche d'accompagner une nouvelle entreprise en passant avec elle des contrats mutuellement profitables. Ainsi Déshylaon s'installe tout contre la Coopal pour pouvoir utiliser ses capacités de lavage. Le four choisi est, à l'inverse de celui de la Sodéleg, de faible débit, mais grâce à sa température de fonctionnement plus basse, il préserve mieux les qualités organoleptiques des légumes.

Après la liquidation du groupe Bernard Serre, l'usine d'Auxonne a redémarré grâce aux producteurs locaux sous la forme d'une SICA. Elle traite 70 % des oignons français. Déshylaon, vigoureusement incitée par le Crédit Agricole, passe un accord avec elle. La commercialisation des légumes déshydratés sera assurée en commun et la SICA d'Auxonne apportera son soutien technique à Déshylaon. La banque réussit ainsi à faire émerger plus rapidement l'entreprise naissante et à affermir celle qui redémarre difficilement. Tous gagnants.

La décision définitive de lancer Déshylaon est prise fin 1983. Pour 500 hectares de légumes à déshydrater, un investissement de 16 millions de francs[11] et un besoin en fonds de roulement de 6 millions de francs sont prévus. Ils doivent être financés par une subvention de 5 millions de francs, des emprunts de 13 et 4 millions de francs de parts sociales, soit une participation de 8000 F/ha[12]. Bien plus que les 1500 F/ha nécessaires pour la Coopal, mais la rentabilité est assurée. Les perspectives de profit sont si prometteuses ! Si prometteuses que, malgré le démarrage de la Sodéleg, Déshylaon sera effectivement constituée alors qu'initialement il avait été admis qu'il n'y avait de place que pour une

11. 4,8 millions d'euros valeur 2020.
12. 2425 €/ha valeur 2020.

seule usine localement ! Si prometteuses que le réseau Crédit Agricole, avec un beau sens de la planification, participe simultanément au financement de deux autres usines concurrentes de Déshylaon, l'une à Cany-Barville en Normandie, l'autre à Lunel, la ville de Bernard Serre ! Si prometteuses puisque le dollar vaut maintenant 8,50 francs.

L'administration en la personne de M. Brühl, le directeur adjoint de la direction départementale de l'Agriculture, promeut le projet avec enthousiasme et opiniâtreté. Avec un tel soutien, aucun obstacle formel ne résiste. La construction est rapide et l'usine démarre dès septembre 1984. La mise en route s'avère toutefois délicate. Les oignons devaient être tous déshydratés dans le courant de l'automne. Ils ne sont achevés qu'au cœur de l'hiver. Les carottes, qu'il était prévu de transformer après les oignons, prennent par conséquent du retard. Il faut les protéger du gel. Paillage, buttage, tout est tenté pour leur permettre de passer l'hiver, mais plusieurs parcelles doivent être abandonnées.

Taux de change du franc français par rapport au dollar

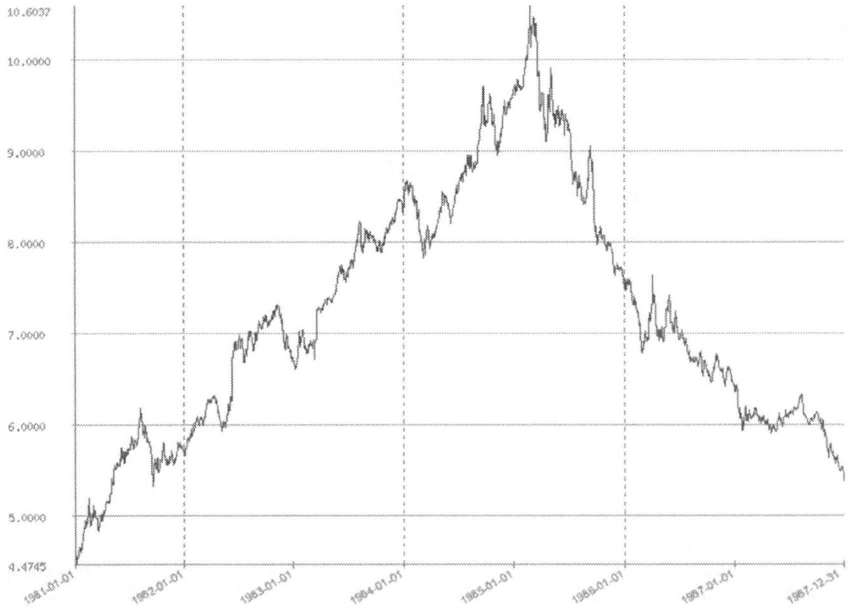

Si la première campagne est naturellement difficile, la seconde doit être celle du véritable décollage. Hélas ! les embûches s'accumulent. Les techniques agricoles, surtout celles du stockage des oignons, sont mal maîtrisées. Certains lots ne peuvent être utilisés par l'usine et d'autres sont totalement perdus. Le four principal fonctionne convenablement, mais celui qui doit parfaire la déshydratation ne travaille pas de façon homogène si bien que la qualité du produit fini est aléatoire. Le bureau de commercialisation, établi à Auxonne, fait la part belle aux productions de Côte-d'Or et néglige celles de l'Aisne, qui sont péniblement écoulées. L'arrivée des nouvelles usines fait chuter le prix de l'oignon déshydraté. Et, pour couronner le tout, le dollar, qui a culminé à 10,60 francs en janvier 1985, se met à dégringoler aussi vite qu'il a monté. En janvier 1987, il tombe à 6 francs. Au moment de décider la construction de l'usine, on avait estimé qu'elle serait rentable si le dollar dépassait les 7 francs. Rien alors ne paraissait mieux assuré...

Dans les derniers jours de 1987, Déshylaon doit déposer son bilan. Les adhérents perdent leurs parts sociales et les légumes qu'ils ont livrés. La coopérative, au lieu de les enrichir, les a appauvris. Dur quand on est jeune agriculteur. On ne me reprendra plus à vouloir faire le métier des autres. Suivent les mois pénibles de prise en main de l'usine par un administrateur judiciaire hautain et blessant. Au sortir de cette période, Déshylaon est achetée, pas bien cher, par une société holding constituée entre Champagne Céréales[13], la grande coopérative céréalière de la Marne, et un groupe sucrier régional, les Sucreries du Nord-Est. Sous le nom de Sylvalaon, une société anonyme, la déshydratation voit ses installations améliorées sans que les pertes diminuent. Lassés, les actionnaires finissent par céder l'usine à un groupe améri-

13. Devenue Vivescia.

cain spécialisé dans les ingrédients alimentaires, Sensient, devenu Elchais.

Une satisfaction précieuse : l'usine de Marchais existe toujours, apportant de l'activité dans notre région, qui en a cruellement besoin. Dès 1988, les usines de Cany-Barville et de Lunel étaient définitivement fermées, ce qui montre que nos choix industriels étaient plutôt avisés. Une déception : Sylvalaon, comme la Sodéleg, ont cherché, et réussi en partie, à organiser elles-mêmes leur approvisionnement local. Des producteurs ont préféré n'avoir qu'un seul acheteur plutôt que de disposer d'un portefeuille de clients en adhérant à la Coopal. Ils se privent ainsi de toute stratégie commerciale, s'en remettant à la bonne santé financière et économique de leur unique interlocuteur.

Comme notre profession se laisse facilement diviser ! Qu'il est difficile de regrouper l'offre alors que chacun sait que c'est la seule méthode efficace !

1982-1984 : DE RUDES DÉBUTS POUR LA COOPAL

Une règle doit s'appliquer

Jean-Pierre Van Asten a ressenti douloureusement l'échec de Légutrans, qu'il attribue à la frilosité excessive de la Coopal. Avec l'aide d'un négociant belge, Daniel Verduyn, il fonde dès l'été 1983 un concurrent local à la Coopal et construit un bâtiment de stockage de carottes à cinq kilomètres de Marchais. Il lui faut recruter des producteurs. Il connaît naturellement tous ceux de la Coopal et son épouse, toujours employée par la coopérative, est informée des prix pratiqués. Elle ose contacter elle-même certains adhérents afin qu'ils vendent leurs légumes à son mari... Elle sera licenciée en septembre 1983.

L'un des fondateurs de l'APLCEA et administrateurs de la Coopal se laisse tenter. Il livre une partie de ses carottes à ce nouveau négoce. Les statuts de la coopérative sont pourtant formels : les adhérents doivent lui apporter la totalité de leur production des légumes qu'elle commercialise. Lors de l'adhésion, chacun s'engage à respecter les statuts, *a fortiori* un administrateur. Le conseil ne faiblit pas. Malgré les liens cordiaux que les administrateurs entretiennent entre eux, le fautif est exclu aussitôt que possible dans le respect des procédures.

Une coopérative n'est pas une prison, c'est une entreprise fondée sur un contrat social. Les engagements, réciproques entre le groupe et l'individu, sont limités dans le temps : six ans à la Coopal à l'époque, trois ans aujourd'hui chez Expandis. En adhérant, un agriculteur participe à la construction d'une organisation chargée de vendre ses productions, d'une centrale de vente qui est une entreprise commerciale. Comme toute entreprise commerciale, ses charges sont essentiellement des charges fixes, principalement des salaires, et son efficacité est proportionnelle au volume traité, c'est-à-dire au diviseur qui va réduire les coûts unitaires. Vendre en utilisant un autre circuit, c'est se concurrencer soi-même. Incohérent ! Le prix de marché peut, à un instant donné, se trouver supérieur à celui que peut verser la coopérative, lequel est fondé sur des contrats. Ceci ne remet pas en cause l'efficacité globale du système. En revanche l'hémorragie de marchandise pénalise tous les adhérents. Inadmissible. La Coopal puis Prim'allia et Expandis ont toujours fait respecter la règle naturelle de l'apport total telle qu'elle est prévue dans les statuts et le règlement intérieur. Tous les adhérents le savent. Les très rares cas de tricherie se sont réglés soit à l'amiable, soit au tribunal, lequel a toujours donné raison à la coopérative, qui l'a fait savoir. Ainsi, l'intérêt général a prévalu.

Ce qui devrait être une règle absolue des coopératives a connu et connaît toujours de nombreuses entorses. Rares sont celles qui s'attachent, comme la nôtre, à faire respecter leurs statuts sur ce point. Pire, ces statuts eux-mêmes laissent souvent la porte ouverte à toutes sortes d'échappatoires. Faute d'apport total, la coopérative est un négoce alors que sa fonction première est de permettre à ses adhérents de devenir, ensemble, un véritable acteur économique, un entrepreneur à part entière, en accédant à des parts de marché significatives, inatteignables individuellement.

Cette réalité simple est manifestement difficile à assimiler, y compris par les pouvoirs publics. Alors même que l'éparpillement des agriculteurs français sur les marchés est l'une des causes majeures des difficultés de la profession, de récentes décisions de l'Autorité de la concurrence[14] imposent à des

---

14. Décision n° 19-DCC-147 du 24 juillet 2019 relative à la fusion entre les

coopératives de limiter l'engagement de leurs adhérents à 55 % de leur production. C'est ne rien comprendre à l'idée même de coopérative. C'est refuser aux agriculteurs la possibilité d'avoir une démarche d'entreprise. C'est un moyen de les confiner dans leur glèbe !

Résister

	1982	1983	1984	1985
	Surfaces de légumes			
Jeunes carottes	463	290	315	387
Grosses carottes	170	145	200	198
Carottes nantaises	0	15	0	30
Salsifis	128	151	40	30
Oignons	0	50	55	60
Pommes de terre	0	0	0	260
Total légumes racines	**761**	**615**	**610**	**965**
Évolution	**25%**	**19%**	**1%**	**58%**

1982 : première campagne de jeunes carottes de la Coopal. Un printemps chaud qui accélère la maturité des pois et limite

coopératives agricoles D'Aucy et Triskalia.

les disponibilités de carottes. Des soucis d'irrigation. Des adhérents qui râlent au moment de récolter. Des charges unitaires qui augmentent en proportion de la baisse des rendements. Des clients qui sont néanmoins satisfaits des nouveaux services. De longs courriers explicatifs aux adhérents signés du président et du directeur.

Les difficultés s'accumulent. En 1983 la surface contractualisée en jeunes carottes s'effondre, passant de 463 hectares à seulement 290. Malgré la volonté affichée par l'APL-CEA, les surfaces destinées aux établissements Bonduelle dépassaient 25 % en 1982. Cette entreprise ne veut pas voir Dominique Lemoine la quitter. Celui-ci décide malgré tout de rejoindre la Coopal. Par rétorsion, l'année suivante, Bonduelle n'achètera pratiquement plus de carottes à la coopérative. Nos relations sont rapidement redevenues bonnes, puis excellentes, mais c'est une démonstration instructive de la nécessité de disposer d'un large portefeuille de clients, et de respecter si possible la règle très avisée des 25 % !

Dominique Lemoine a le courage téméraire de prendre la direction de la Coopal à un bien mauvais moment. Il raconte que, lors de son embauche, sa mission consistait à mener à bien la récolte de 1983 puis, probablement, à fermer boutique. Il est resté directeur du groupe Expandis jusqu'en 2011. C'est dire si les difficultés rencontrées en cours de route furent autant d'occasions de rebonds.

Il lui faut d'abord procéder au licenciement de quatre salariés permanents embauchés un peu précipitamment à la station. Celle-ci fonctionnera vingt-quatre heures sur vingt-quatre avec trois équipes comprenant chacune un seul salarié permanent et deux saisonniers.

L'impérative équité

Les campagnes 1983 et 1984 sont pénibles. Des tensions apparaissent. Il faut préciser les responsabilités de chacun et expliciter les règles de fonctionnement. Non seulement, comme l'APLCEA l'avait déjà décidé, les prix versés aux producteurs sont inversement proportionnels aux rendements des différentes variétés, mais chaque légume devient totalement indépendant des autres. Les frais spécifiques qu'il induit lui sont intégralement répercutés et les frais généraux sont répartis de manière strictement identique en proportion des surfaces. Cette méthode, parfaitement limpide, permettra au cours du temps d'accueillir des adhérents puis des groupes constitués ne produisant qu'un seul légume en leur offrant la certitude qu'ils ne contribueront pas à renflouer telle ou telle autre production.

Au sein d'un même légume, le mesurage des parcelles permet de connaître la productivité de chaque variété et donne ainsi la possibilité de différencier leur valorisation dans un souci d'équité entre producteurs. Au fur et à mesure des années, le conseil d'administration affinera les procédures en tenant compte des spécificités de chaque production.

Un adhérent choisit, en concertation avec la coopérative, le légume qu'il va ensemencer. Mais, évidemment, il ne choisit ni la variété ni, bien souvent, la date de récolte qui demeure au choix du client en relation avec son positionnement sur ses marchés. Le travail de la coopérative consiste, dans ces conditions, à maximiser la marge par hectare des surfaces qui lui sont confiées. L'équité stricte impose que les charges qui découlent de décisions prises au niveau de la coopérative soient réparties uniformément, à la surface ou au poids selon les cas. Simultanément, le conseil d'administration a toujours voulu encourager la productivité des adhérents, gage de leur compétitivité sur des marchés fortement concurrentiels. Pour chaque légume, afin d'atteindre ces deux objectifs, équité et productivité, des règles de fonctionnement se sont dégagées, fruits de la traduction pragmatique de l'expérience accumulée.

Ainsi en jeunes carottes, la valorisation de la production est à présent fonction du type de récolte (par le sol ou par les feuilles), de la durée de végétation – puisqu'on récolte une production immature –, d'un écrêtement des rendements exceptionnels, de la mise en place ou non d'un voile de forçage permettant d'accélérer la végétation, et, certaines années, de la date de récolte.

En pommes de terre, on tient compte de la variété et, pour les plus précoces, de la date de récolte. Une fois connu le produit des pommes de terre et déduites les charges de la coopérative, on obtient le chiffre d'affaires par hectare des producteurs. Le prix de chaque variété est alors calculé sur la base du rendement moyen constaté de chacune. Puis cette valeur à la tonne est appliquée à chaque producteur en valorisant également la qualité selon une grille qui est une compilation des principaux cahiers des charges des clients. Résultat : la coopérative est équitable puisque la variété choisie, qui n'est pas de la responsabilité de l'adhérent, est sans conséquence sur le produit à l'hectare. En même temps, la coopérative rémunère la productivité individuelle puisque le chiffre d'affaires est proportionnel au rendement et à la qualité. Contrairement aux carottes, les frais de transport des pommes de terre sont à la charge des producteurs, comme c'est le cas habituellement en France. Là encore, très logiquement, les prix de transport à la tonne sont inversement proportionnels au rendement. De son côté, le coût des plants à l'hectare est uniforme, quelles que soient les variétés, à condition que le producteur respecte exactement la dose recommandée par le service technique.

Tout ceci peut sembler bien compliqué. Ça l'est en effet.

Il faut prendre le temps de comprendre et d'expliquer ce système dont le seul but, répétons-le, est de garantir une réelle équité entre les adhérents. Équité n'est pas égalité réductrice. Chacun des producteurs reste seul et unique responsable de sa qualité et de sa productivité. L'équité, dans notre organisation, peut se résumer ainsi : tout ce qui découle des relations commerciales, donc des décisions de la coopérative, est mutualisé, tout ce qui provient des décisions du producteur, au champ ou dans les stockages, est entièrement individualisé.

Cette règle d'or, facile à exprimer, est évidemment soumise à appréciation tant il est souvent difficile de discerner nettement ce qui est du ressort du commerce et ce qui est du domaine de la production. Aussi, le conseil d'administration a toujours été scrupuleusement attentif à son respect. Chaque livraison qui n'est pas conforme au cahier des charges est examinée camion par camion. Le conseil y consacre une fraction importante de son temps, mais c'est la condition de l'équité, donc un fondement essentiel de la pérennité de la coopérative. Les cimetières sont pleins de coopératives qui l'ont oublié.

Ni les négoces ni les industriels privés ne sont soumis à ces disciplines strictes. Ils peuvent fixer leurs prix à leur guise ou permettre telle ou telle exception à des règles floues par nature. Ils ne se privent pas de le faire en sachant donner l'impression au producteur qu'il est favorisé par rapport à ses voisins. La mise en avant d'une règle formelle, par nature impersonnelle, dans une coopérative qui est vécue comme une extension de leur ferme, est souvent frustrante pour les adhérents. C'est pourtant l'assurance que l'organisation est au service de tous, sans considération subjective. C'est le point le plus difficile à vivre du pacte coopératif. Beaucoup sont tentés de « négocier » avec leur coopérative.

C'est bien évidemment vain.

Dès 1983, il faut rappeler fermement ces règles. Un producteur de salsifis démissionne et mandate son avocat pour contester un déclassement appliqué par la Coopal, la qualité ayant été jugée insuffisante par l'usine destinataire. La coopérative reste sur sa position et l'affaire n'ira pas plus loin, mais la judiciarisation de l'économie se met déjà en branle. La Coopal est amenée à réécrire de façon juridiquement indiscutable tant ses statuts que son règlement intérieur. Ce n'est que le début d'un long processus. Plus tard, il faudra en passer par la signature d'un contrat annuel de plus en plus épais et détaillé. Devenus obèses, ces documents sont-ils plus clairs et surtout permettent-ils de mieux atteindre leurs objectifs ? On peut en douter. L'engagement coopératif bien compris devrait suffire.

La surface de petites carottes en 1984 ne redécolle pas, mais le volontarisme est toujours puissant. Des améliorations sont apportées à la chaîne de lavage. Ce sera le cas chaque année et la chaîne sera même doublée en 1986. Malgré les difficultés préoccupantes de la Coopal, la DRIRE[15], responsable administrative de la surveillance des installations, exige la création d'un second bassin de décantation, l'étanchéification des deux bassins ainsi que celle de l'aire de stockage des déchets. Il nous faut bien obtempérer. L'eau des bassins, selon un plan conçu et contrôlé par la chambre d'agriculture, sera dès lors utilisée pour l'irrigation du Domaine de Marchais.

Décidément, 600 hectares ne suffisent pas pour faire face à toutes les charges, principalement celles des six salariés permanents, tout en rémunérant convenablement les légumes. En outre, la campagne de jeunes carottes ne dure que de février à août. En automne et en hiver, les grosses carottes et les salsifis sont bien moins gourmands de temps. Trouver d'autres activités devient impératif.

L'arrivée des pommes de terre

L'une des singularités de la Coopal, c'est de s'être construite exclusivement sur des contrats commerciaux. La production est entièrement vendue avant d'être ensemencée. Cette ligne de conduite exceptionnelle en agriculture va rencontrer les besoins de nouveaux clients.

L'origine de la chips de pommes de terre telle que nous la connaissons n'est pas clairement identifiée. Est-ce une recette plus ou moins traditionnelle en Virginie, voire dans tous les États-Unis, dès le début du XIXe siècle ? Est-ce un

15. DRIRE : Direction régionale de l'Industrie, de la Recherche et de l'Environnement.

cuisinier, George Crum, qui, irrité par la remarque d'un client qui trouvait ses frites trop épaisses, coupe les pommes de terre en fines lamelles et les fait frire jusqu'à les rendre croustillantes le 24 août 1853 ? On l'ignore, mais il est certain que Crum fait fortune avec ses chips. Le succès ne se dément pas au long de la seconde moitié du XIXe siècle aux États-Unis. Un vendeur ambulant met au point en 1920 une machine à fabriquer des chips. Ce marchand inventeur s'appelle Herman Lay. Aujourd'hui, Lay's, propriété de PepsiCo, est de loin la première marque de chips au monde.

Le plan Marshall et les progrès de l'aviation permettent de multiplier les voyages transatlantiques après la Seconde Guerre mondiale. Les Européens découvrent les chips. En France, deux entreprises décident d'en fabriquer : l'une, coopérative, à Vic-sur-Aisne, la Vico - nous y reviendrons -, l'autre à l'initiative d'un agriculteur de la Somme, Jean Brueder. Ce dernier crée Flodor en 1958 et confie sa publicité à Marcel Bleustein-Blanchet, le célèbre fondateur de Publicis, qui met sur pied pour Flodor la première « campagne mystère » française fondée sur le slogan « La blonde à croquer ». Il va falloir l'assumer.

Au début des années 1980, Flodor et Vico se partagent le marché français de la chips. Mais Flodor a un problème : ses blondes sont parfois brunes ! Les chips sont fabriquées en utilisant des pommes de terre de la variété qui monopolise le marché de l'époque, la Bintje. Cette pomme de terre a été sélectionnée en 1904 aux Pays-Bas par Louis de Vries, un instituteur passionné de botanique, qui nomme sa trouvaille en empruntant le diminutif d'une jeune fille de sa classe, blonde et intelligente, qui s'appelle en réalité Bénédicte.

La Bintje est productive. On peut la bouillir, la frire, la rôtir, en faire des frites ou de la purée. Elle est devenue la variété passe-partout. On peut avec elle fabriquer d'excellentes chips, mais souvent les tubercules contiennent des sucres réducteurs. Ces sucres, portés à haute température, réagissent avec les protéines des pommes de terre, qui se mettent alors à brunir, c'est la réaction de Maillard. Inacceptable pour les blondes de Flodor. Si la qualité organoleptique n'est pas altérée, la couleur est moins attractive et chacun sait qu'on achète avec les yeux plutôt qu'avec le palais.

La sélection de variétés de pommes de terre est une œuvre de très longue haleine : quinze ans du croisement initial au développement commercial. Flodor a besoin de se démarquer rapidement en proposant des chips en réelle adéquation avec les promesses de sa publicité. D'ailleurs tous les tests montrent que les consommateurs préfèrent des chips de couleur claire. Face à la demande impérative du marché, Flodor décide de passer en revue des dizaines de variétés inscrites au catalogue français, et déniche l'oiseau rare, une ancienne variété féculière, la Saturna. Bien moins productive que la Bintje, elle possède toutefois l'avantage de contenir peu de sucres réducteurs et de garder cette qualité en stockage à condition d'être conservée à huit degrés précisément. Flodor est prête à acheter des pommes de terre de cette variété en compensant, pour les producteurs, le différentiel de rendement. La société se tourne naturellement vers ses fournisseurs habituels de la région de Péronne.

Surprise ! Ils ne veulent pas en cultiver.

En effet, culturellement, cette variété est inadaptée aux « patatiers » traditionnels, qui n'aiment rien tant que spéculer sur leur récolte. Avec la Bintje c'est facile : on cultive, on récolte et l'on vend au plus offrant. Comme elle est polyvalente, les acheteurs potentiels sont nombreux. Impossible de jouer à ce jeu avec une Saturna. Elle ne peut être vendue qu'à des fabricants de chips, et, dans le nord de la France, il n'y a que Flodor puisque Vico, la coopérative, n'achète de pommes de terre qu'à ses adhérents. Qui dit Saturna dit donc contrat avec Flodor. Contrat, un mot qui ne fait pas partie du vocabulaire des patatiers de la Somme à l'époque. Contrat, c'est précisément ce qu'on aime cultiver à la Coopal et il se trouve que le responsable des approvisionnements de Flodor est un ami de longue date de Dominique Lemoine.

Les Saturna sont bien adaptées à la Coopal, mais la règle de la coopérative est d'avoir toujours plusieurs clients pour un même légume. McCain, le leader mondial de la frite surgelée, s'est installé en 1981 près d'Arras et il a également besoin de pommes de terre de variétés spécifiques, notamment pour approvisionner McDonald's en frites issues de pommes de terre à chair blanche comme aux États-Unis. Deux clients à l'origine d'une nouvelle production qui, en quelques années, deviendra la plus importante de la coopérative, tant en surface qu'en chiffre d'affaires.

La combinaison d'un positionnement commercial clair, original et innovant et d'une discipline que certains, à tort, trouvent surannée permet le spectaculaire décollage de la Coopal dans les années suivantes.

1985-1996 : LA CROISSANCE RAPIDE

1985. Avec ses 260 hectares de pommes de terre dès la première campagne, la Coopal est tirée d'affaire. D'autant plus que les surfaces de jeunes carottes s'accroissent à leur tour. Le talent commercial de Dominique Lemoine, conjugué au savoir-faire des adhérents et à l'organisation de la coopérative, fait merveille.

S'amorce alors une période de croissance remarquable, euphorisante. Les surfaces des « légumes racines », ceux pour lesquels l'intermédiation de la coopérative est capitale, progressent de 18 % en moyenne chaque année pendant douze ans. On passe de 610 hectares en 1984 à 4000 en 1996. La croissance ne supprime pas les embûches, mais elle permet de les surmonter bien plus facilement.

	1985	1986	1987	1988	1989	1990
	Surfaces des légumes en première culture					
Jeunes carottes	387	470	500	675	81	849
Grosses carottes	198	115	115	128	140	148
Carottes nantaises	30	50	55	50	72	96
Salsifis	30	30	10	26	58	77

	1985	1986	1987	1988	1989	1990
	Surfaces des légumes en première culture					
Oignons	60	125	110	52	0	28
Pommes de terre	260	310	410	525	640	754
Total légumes racines	**965**	**1100**	**1200**	**1456**	**1728**	**1952**
Évolution	**58%**	**14%**	**9%**	**21%**	**19%**	**13%**
Haricots verts	0	45	90	140	260	222
Flageolets	0	20	40	0	0	0
Haricots blancs	0	40	0	0	0	0
Lentilles	0	15	20	0	0	0
Navets	0	5	0	40	26	30
Épinards	0	0	55	170	297	171
Betteraves rouges	0	0	0	0	0	0
Endives / chicorée	0	0	50	46	0	0
Pois de conserve	0	0	0	0	25	0
Total légumes verts	**0**	**125**	**255**	**396**	**608**	**423**
Évolution	**0%**	**0%**	**104%**	**55%**	**54%**	**-30**
Total	**965**	**1225**	**1455**	**1852**	**2336**	**2375**
Évolution	**58%**	**27%**	**19%**	**27%**	**26%**	**2%**

	1991	1992	1993	1994	1995	1996
	Surfaces des légumes en première cutlure					
Jeunes carottes	948	976	829	818	946	941
Grosses carottes	177	199	127	172	177	185
Carottes nantaises	92	83	81	113	98	87
Salsifis	95	75	92	79	109	140
Oignons	17	36	40	71	117	153
Pommes de terre	1031	1306	1099	1709	2237	2472
Total légumes racines	**2360**	**2675**	**2268**	**2962**	**3684**	**3978**
Évolution	**21%**	**13%**	**-15%**	**31%**	**24%**	**8%**
Haricots verts	465	342	197	210	176	140
Flageolets	0	0	0	0	0	0
Haricots blancs	0	0	0	0	0	0
Lentilles	0	0	0	0	0	0
Navets	27	46	0	22	0	0
Épinards	166	122	50	380	248	189
Betteraves rouges	0	0	0	12	18	21
Endives / chicorée	0	23	268	0	0	0

	1991	1992	1993	1994	1995	1996
	Surfaces des légumes en première cutlure					
Pois de conserve	0	0	0	10	15	0
Total légumes verts	**658**	**533**	**515**	**634**	**457**	**350**
Évolution	**56%**	**-19%**	**-3%**	**23%**	**-28%**	**-23%**
Total	**3018**	**3208**	**2783**	**3596**	**4141**	**4328**
Évolution	**27%**	**6%**	**-13%**	**29%**	**15%**	**5%**

Reconnaissance de l'œuvre des fondateurs

De nouvelles surfaces, cela signifie de nouveaux producteurs. La Coopal possède maintenant une véritable culture d'entreprise. Comment la faire vivre au-delà du cercle fondateur ? En sortant de la région des sables, on risque de changer la sociologie du groupe initial. Ses membres se sentent menacés d'être dépossédés de leur création, à laquelle ils ont consacré tant d'efforts. Certains renâclent. Pour surmonter cette objection, la Coopal prend deux décisions. Elle commence par introduire une année d'essai. On ne demandera plus à un nouveau producteur de s'engager immédiatement et réciproquement la coopérative ne sera pas liée avec lui. Une année de rodage est ainsi instituée, qui permet aux deux partenaires de s'apprivoiser et de vérifier que leurs mentalités peuvent s'accorder. Une année de fiançailles en quelque sorte. Voilà pour la sociologie. Pour le partage de l'outil commun, la Coopal instaure un droit d'entrée de 500 F/ha. La valorisation des risques initiaux et du placement en réserves de tous les bénéfices constatés année après année depuis la création. Les fondateurs sont ainsi fiers de leur entreprise et reconnus pour leur pertinacité. Dans ces conditions, ils sont prêts à accorder à la Coopal les moyens de sa croissance.

L'intention est louable, mais l'expérience montre qu'un droit d'entrée, non remboursable, constitue en réalité un obstacle à l'adhésion de nouveaux producteurs. Il faut le supprimer quelques années plus tard. Les adhérents ont compris qu'ils avaient plus besoin, pour assurer leur avenir, d'augmenter les volumes commercialisés que d'accroître la trésorerie.

Les pommes de terre constituent, pour la plupart des adhérents, une nouvelle culture. Aucun ne connaît la Saturna. Il faut tout apprendre. La première année, une partie de la production est inadéquate pour la fabrication de chips et doit être consacrée à la purée, dont la valorisation est bien moins intéressante. Une formation sur le tas.

Engagement

C'est à cette époque que j'adhère à la Coopal. Échaudé par les aventures de Déshylaon et vacciné à tout jamais contre la participation à une coopérative qui chercherait à faire un autre métier que le sien en s'encombrant d'une industrie de transformation, j'ai néanmoins pris goût à la production de légumes qui introduit une nécessaire diversification dans mon assolement. Rencontre avec Dominique Lemoine :

— Vous devriez cultiver des pommes de terre.

— Pourquoi pas.

Mais, ayant connu des pommes de terre à la ferme jusqu'en 1977, je suis certain de ne vouloir ni les trier ni les stocker.

— Aucune difficulté. À la récolte, les pommes de terre seront bennées en bout de champ, à la manière des betteraves, et reprises à la grue. Vous n'aurez ni à y toucher ni à les conserver.

— Entendu.

C'est sur cette promesse que je devins patatier à mon tour en 1985. On ne connaît jamais à l'avance l'enchaînement des causes et des effets. Quelques années plus tard, je disposais de tout le matériel de tri et de mise en stockage ainsi que de bâtiments pouvant abriter l'ensemble de ma production...

Alain Dellis me propose d'entrer au conseil d'administration en novembre 1985, ce qui me réjouit. Participer à une commercialisation collective ne signifie pas se désintéresser de cette commercialisation ni la confier aveuglément à des spécialistes. Bien au contraire, c'est une raison supplémentaire de se préoccuper du devenir de sa production.

En décembre 1986, lors de la réunion qui doit renouveler comme chaque année le bureau, surprise, Alain Dellis annonce qu'il ne se représentera pas. Il a en effet l'intention de créer une cuisine décentralisée à destination de la restauration hors foyer. Avoir raison trop tôt est la façon la plus élégante de se tromper. Malgré le labeur acharné d'Alain Dellis pendant quatre ans, sa société devra déposer son bilan et sera placée en redressement judiciaire à la fin de 1990. Elle redémarrera sous le nom de Génération 5 et trouvera finalement sa place sur ses marchés. Elle emploie aujourd'hui une cinquantaine de personnes.

Tout se passe comme si une malédiction planait sur les initiateurs des entreprises agroalimentaires. Comme s'il fallait passer par une faillite pour réduire à néant la valeur des investissements et ainsi parvenir à une rentabilité satisfaisante.

Paul Corpel, présent depuis l'origine de l'APLCEA, est élu président.

Transmutation de l'hectare à la tonne

C'est au tour des grosses carottes de faire face à une situation délicate. 1987 est une année sèche et chacun consacre son irrigation en priorité aux pommes de terre et aux petites carottes. Les rendements des grosses carottes se révèlent très insuffisants. La production est loin d'atteindre la quantité prévue. Certains clients exigent d'être livrés. La coopérative se voit alors contrainte de faire du commerce « à l'envers » : elle achète des carottes à un prix de l'ordre de 500 F/t, puis les vend au prix de contrat, soit 300 F/t. Selon la règle de l'indépendance des légumes, cette perte repose sur les seuls producteurs de grosses carottes, qui réalisent de ce fait une année catastrophique.

Dans toute l'histoire de notre organisation, les cas de commerce à perte comme celui-ci sont exceptionnels, pas plus de deux ou trois. Et, sauf en 1987, ils ont toujours concerné des quantités minimes. Il est inhabituel pour les adhérents de s'en rendre compte, mais la coopérative, campagne après campagne, accomplit une transmutation qui tient du miracle : elle convertit les hectares en tonnes ! Les contrats sont passés en poids avec les clients et les engagements des producteurs sont exprimés en surface. Chaque année, pour chaque légume, il faut décider des quantités contractualisées en se fondant sur une hypothèse de rendement réaliste. Et, bien entendu, cette prévision ne se réalise qu'occasionnellement.

La circulation de l'information au sein de la coopérative est alors déterminante. Le service agronomique, en permanence dans les champs aux côtés des producteurs, constate l'évolution des cultures et en informe sans délai le service commercial. Si la production prévisible est supérieure aux contrats, celui-ci peut vendre rapidement le surplus et ainsi subir moins que ses concurrents l'inéluctable baisse des cours. Si au contraire on anticipe un manque de produit, il est possible, en toute transparence, d'en informer très vite les clients. À condition de leur apporter la certitude d'une diminution des livraisons identique pour chacun d'eux, ils ne nous réclament pratiquement jamais de compensation. Et la coopérative peut même les aider à trouver d'autres sources d'approvisionnement.

Cette transmutation repose à la fois sur la confiance des clients, sur les surfaces importantes mises en œuvre par la coopérative et sur la capacité qu'a celle-ci de faire exceptionnellement produire, s'il le faut, dans d'autres régions très précoces comme l'Andalousie ou la Campanie.

Cette transmutation est hors de portée des producteurs individuels. Ces dernières années, des aléas climatiques ont amputé fortement les rendements. Les producteurs engagés individuellement avec des négociants ou des transformateurs ont dû honorer coûte que coûte leurs engagements. Conséquence pour eux, double perte. Perte de production avec les faibles rendements, perte d'argent en devant revendre des pommes de terre moins cher qu'ils n'ont été obligés de les acheter. Il n'en fut rien pour les adhérents d'Expandis, qui ont bénéficié très directement de l'excellence des relations commerciales tissées depuis des lustres.

L'assurance-crédit

Le début de l'année 1988 est marqué par la faillite de Déshylaon. La Coopal enregistre une perte de 69 000 euros[16]. Cette perte, surmontable, est l'occasion d'amorcer une réflexion sur l'utilité d'une assurance-crédit. Dès l'année suivante, la Coopal en souscrit une et dorénavant les contrats de vente sont systématiquement assurés, écartant le risque d'impayés capables de déstabiliser l'organisation.

Les impayés subis par les agriculteurs font partie des secrets les mieux occultés. Personne ne veut avouer s'être laissé filouter. Pourtant ces mésaventures sont fréquentes, surtout vers des destinations lointaines, mais elles sont vécues honteusement.

Ainsi cette anecdote racontée en confidence par un adhérent. Discutant un soir après la chasse avec des producteurs voisins farauds et hâbleurs, il est convaincu, l'ambiance conviviale aidant, que les prix payés par la coopérative sont très

16. Valeur 2020.

insuffisants. Ridiculement insuffisants. Son engagement est arrivé à son terme. Il décide de quitter immédiatement l'organisation. L'année suivante, il cultive des pommes de terre sans contrat et trouve, après la récolte, un client en Italie qui lui propose un prix enfin digne de ses efforts et de ses prétentions. Il expédie cinq camions, soit le tiers de sa production. Ces chargements ne seront, bien entendu, jamais payés.

Dès l'année suivante, il se réengage dans notre groupe. Véridique !

Les stockages

En 1989, avec 820 hectares, c'est-à-dire plus de 30 000 tonnes, la production de pommes de terre de la Coopal a pris de l'ampleur. Les premières années, les clients pouvaient recevoir toutes les pommes de terre à la récolte et les stocker eux-mêmes. Maintenant ils demandent que la Coopal construise des stockages et livre tout au long de l'année. Un véritable choix s'offre alors : stockage collectif ou stockage individuel ?

En matière de céréales, la réponse est sans équivoque. Dans les coopératives, le stockage collectif est privilégié dès l'origine. Quel meilleur moyen de s'assurer du contrôle de la production ? Même plus besoin de tenter de faire respecter la règle de l'apport total. Du temps perdu alors que la coopérative peut devenir, en coulant du béton, l'exutoire obligé des moissonneuses-batteuses. Et, dès lors que la marchandise se trouve dans les silos de la coopérative, peu importe le prix de vente !

Cette présentation est caricaturale, certes, mais pas entièrement fausse. D'autres arguments, plus recevables, plaidèrent en faveur du stockage collectif. Face à la progression remarquable des rendements de céréales dans les années 1960 et 1970, la construction massive de capacités de stockage était impérative. En outre les différences de prix entre les coopératives ou les négoces étaient alors minimes puisque les prix étaient administrés. Les stockages collectifs étaient moins onéreux et représentaient un service appréciable pour les adhérents. On édifia alors ces cathédrales immenses qui permettent de recevoir rapidement des quantités impressionnantes de céréales. Mais pas de les classer finement, si bien que les qualités ne sont pas aussi bien valorisées qu'elles pourraient l'être. Trop tard !

Le choix de la Coopal est inverse. Priorité aux stockages individuels. Ce qui compte, ce n'est pas de mettre la main sur la marchandise, mais d'en assurer la vente dans les meilleures conditions, année après année, et par ce moyen - et seulement ce moyen - s'attacher la fidélité des adhérents. Inutile de tenter de se rassurer avec du béton ou de la ferraille. Par ailleurs, le stockage à la ferme correspond mieux à l'éthique de la Coopal. Puisque la responsabilité individuelle du producteur est engagée jusqu'à la livraison au destinataire final, il est logique de vouloir identifier clairement les lots, ce qui est impossible dans un stockage collectif. En outre, dans la mesure où les pommes de terre sont bien plus pondéreuses que les céréales, le stockage à la ferme limite les frais de transport. Et puis un bâtiment édifié dans un cadre coopératif ne pourra jamais être valorisé par les adhérents en cas de revente. Les règles qui régissent les coopératives sont formelles : les plus-values réalisées sur les reventes d'actifs, selon la législation française, ne peuvent en aucun cas être distribuées aux adhérents.

La coopérative, génial instrument de mise en marché mais véhicule navrant pour tout investissement. À réserver aux équipements obligatoirement collectifs comme la station de lavage. À l'inverse, un bâtiment moderne valorise nettement un corps de ferme. N'ayons pas peur de possibles dérives. Faisons confiance à l'efficacité de notre système commercial. Misons sur le stockage individuel.

La Coopal propose d'aider financièrement les stockeurs. Pour accélérer les remboursements d'emprunts, les taux d'intérêt dépassant alors les 10 % par an, la coopérative propose de verser des primes conséquentes les huit premières années puis, équité oblige, de récupérer le « trop payé » les quatre années suivantes pour revenir ensuite à un montant couvrant les frais.

Excellent concept, mais la technique de stockage des pommes de terre est encore mal maîtrisée et les risques, surtout pour les variétés destinées aux chips, sont importants. Trop pour les adhérents. Personne ne se porte volontaire. Les clients se font pressants. Pas d'autre solution que de construire des stockages collectifs.

C'est ainsi que nous avons appris le métier de stockeurs de pommes de terre à Marchais avec 3600 tonnes dans un premier temps puis rapidement 8000. La réussite de ces démonstrateurs a rassuré les adhérents, qui ont compris l'intérêt des stockages à la ferme. Ceux-ci suppriment les aléas logistiques au moment de la récolte et augmentent considérablement la productivité des chantiers. Dorénavant 80 % de la production de pommes de terre sont conservés chez les producteurs jusqu'à leur livraison directement chez le transformateur.

Après l'assemblée générale de 1989, Paul Corpel décide de cesser ses fonctions de président. Le conseil choisit Frédéric Simphal pour lui succéder. Il ne fait pas partie des fondateurs mais de la seconde génération d'adhérents, celle qui est venue à la Coopal par les pommes de terre. Il est immédiatement accepté par tous grâce à son entrain communicatif. C'est lui qui va conduire la croissance de la coopérative à un rythme soutenu, sans fausse note.

Des petites carottes dans les Landes

Les utilisateurs de petites carottes apprécient la précocité de la production de notre région, mais ils souhaitent être approvisionnés encore plus tôt. Les terres les plus précoces, en France, pour les carottes, se trouvent dans les Landes. Zone de sables, elles aussi, on y est en train, à la fin des années 1980, de développer à toute allure la culture de carottes destinées au marché de frais, et d'entrer ainsi en concurrence frontale avec la région traditionnelle de production, la Normandie, aux prises avec des problèmes agronomiques. La culture de ces carottes nécessite les mêmes matériels que pour nos jeunes carottes. Les agriculteurs landais trouvent avec celles-ci un débouché complémentaire. Et la Coopal des concurrents directs, même si les coûts logistiques réservent leur production aux seuls premiers jours de la campagne.

Il n'empêche, leur laisser une place, ce serait permettre au loup de s'introduire dans la bergerie. La Coopal a organisé la production dans l'Aisne. Pourquoi ne pas s'ouvrir à d'autres régions ? Si le développement des carottes dans les Landes est indispensable, à nous de faire en sorte que ce soit au profit des producteurs des deux régions. À nous d'instaurer une coordination pour empêcher un affrontement qui n'engendrerait que des victimes. S'arc-bouter sur la défense d'un terroir reviendrait en réalité à nous éloigner de notre objet social, qui est, rappelons-le, de maximiser les marges brutes de nos adhérents. Cette analyse, contre-intuitive pour beaucoup de coopérateurs, nécessite une explication approfondie. Nous sommes loin des quelques cantons originels de l'APLCEA, mais nous restons dans la droite ligne du projet des fondateurs.

Dorénavant, nous serons les promoteurs de la complémentarité des territoires pour ne pas céder au repli sur le terroir.

En 1989, la Coopal passe donc un contrat de 300 tonnes de jeunes carottes avec la société Légum'land fondée par François Grudet, agriculteur à Ychoux au sud d'Arcachon. Au fil des années cette production de jeunes carottes pour les usines du nord de la France s'avérera compliquée, car la durée du transport par fortes chaleurs provoque souvent une dégradation inacceptable de la qualité. De notre côté, nous trouverons des méthodes agronomiques, notamment avec les voiles de forçage, pour obtenir des carottes encore plus précoces dans notre région.

Le Val de Loire

Plus durable notre activité dans le Val de Loire. À proximité d'Orléans, fin 1989, une conserverie ferme. Ses installations sont obsolètes et les fabrications regroupées dans une usine du nord de la France. Néanmoins le conserveur souhaite continuer de s'approvisionner dans cette région. Trop difficile pour lui d'organiser de loin la production. La réputation de la Coopal est devenue si bonne que c'est le transformateur lui-même qui nous demande d'assurer l'intermédiation entre les champs et ses usines. Existe-t-il une meilleure reconnaissance de notre savoir-faire ? Rapidement et pleinement intégrés à la Coopal, les adhérents orléanais cultivent des jeunes carottes, des salsifis et bientôt des pommes de terre. Leurs sables, bien adaptés aux légumes, sont dispersés en parcelles de quelques hectares seulement dans un patchwork de terres aux caractéristiques pédologiques diverses. Pas simple de se développer ni de réaliser un assolement cohérent. Pas simple non plus de s'adapter aux contraintes, notamment logistiques, de transformateurs industriels qui exigent le respect scrupuleux des engagements, impératifs avec lesquels les agriculteurs du nord du Bassin parisien se sont familiarisés depuis plusieurs décennies. Néanmoins, des producteurs s'accrochent. Ils y trouvent leur compte puisqu'ils sont toujours fidèles à Expandis et profitent de la précocité de leur région.

Le ginseng

La Coopal a acquis la réputation d'aimer relever des défis et d'aller de l'avant.

Un jour de 1991, un Américain se présente à la chambre d'agriculture de Laon. Il vient proposer d'introduire dans notre région la culture de ginseng qui se pratique avec succès aux États-Unis et au Canada sous des climats analogues au nôtre. Consulté, le directeur de la Fédération départementale des coopératives, François Stoltz, adresse l'Américain à Marchais.

La racine « cuisse de l'homme » des Chinois, le ginseng, en latin *Panax,* c'est-à-dire panacée, est connu depuis des millénaires en Chine. C'est le meilleur des stimulants, dans tous les domaines, et donc des aphrodisiaques dont les Chinois sont si friands. Le roi de Siam en aurait offert à Louis XIV.

On doit à un jésuite, le père Jartoux, la première description détaillée de la plante par un savant européen. Il l'a découverte lors d'une mission cartographique impériale qu'il a menée en Mandchourie, près de l'actuelle frontière coréenne. Sa lettre est publiée en 1713 dans la revue des jésuites *Les Lettres édifiantes et curieuses, écrites des missions étrangères, par quelques missionnaires de la Compagnie de Jésus*[17]. Le monde de l'époque est déjà « global ». Un autre jésuite, missionnaire en Nouvelle-France sur les rives du Saint-Laurent, le père Lafitau, lit l'article en 1715. Jartoux avait conclu sa lettre en écrivant : « Tout cela me fait croire que, s'il s'en trouve en quelqu'autre pays du monde, ce doit être principalement en Canada, dont les forêts et les montagnes, au rapport de ceux qui y ont demeuré, ressemblent assez à celles [d'ici]. » Lafitau part à la recherche du ginseng dans les forêts environnantes et, trois mois plus tard, en découvre. Les Indiens lui apprennent qu'ils appellent, eux aussi, cette plante « cuisses qui fourchent ou s'unissent » ! En réalité, le père Lafitau n'a pas trouvé la même espèce de ginseng, mais une espèce voisine dont les vertus sont au contraire apaisantes et calmantes. Ainsi, le ginseng chinois solaire et chaud est-il yang et le ginseng américain, lunaire et frais, est-il yin.

Mais notre Américain n'est pas venu à Laon pour parler histoire ni philosophie chinoise. Il est venu nous proposer un *business* : nous fournir des graines de ginseng américain et nous apprendre les techniques de sa culture. Il s'agit d'une plante

---

17. Vol. 10, 1713, p. 161-185.

particulièrement délicate. Ses graines doivent être stratifiées, ce qui consiste à les placer dans du sable humide pendant douze à dix-huit mois pour lever leur dormance. Comme elle pousse naturellement sous le couvert des arbres, il faut installer des ombrières sur la parcelle pour empêcher la lumière du soleil d'atteindre directement les feuilles qui, alors, se dessécheraient. Naturellement, il n'existe aucun désherbant homologué en France, on ne peut donc éliminer les adventices qu'à la main. Il faut ensuite attendre quatre ans au minimum avant de récolter des racines de taille commercialisable qu'on doit laver puis sécher lentement. L'essentiel du commerce se traite à Hong Kong, mais, dans la mesure où le principal pays producteur est le Canada, la monnaie de transaction est le dollar canadien.

Les administrateurs de la Coopal balancent entre scepticisme et enthousiasme. Le prix de revient d'un hectare de ginseng est de l'ordre de 140 000 euros[18] et les aléas sont nombreux. Finalement, la coopérative propose, lors de l'assemblée générale de décembre 1991, que des producteurs se groupent localement pour cultiver ensemble des surfaces de l'ordre d'un ou deux hectares. En précisant que les inconnues sont multiples et qu'il est impératif de n'engager dans cette aventure que ce qu'on est capable de perdre sans drame.

Cette offre rencontre néanmoins un véritable intérêt, bien au-delà du cercle des adhérents. Une dizaine de groupes se forment. Un point culturel essentiel a cependant été négligé. Dans nos fermes, depuis plus de 50 ans, le travail manuel a été remplacé par des machines. La plupart des groupes butent sur la fastidiosité et la pénibilité d'une activité dont le rythme n'est plus en adéquation ni avec les habitudes, ni avec l'air du temps. Le produit obtenu se révèle de qualité convenable, mais nous avons du mal à remplir un conteneur entier, l'unité minimale pour une expédition. Et surtout, pendant les quatre années où

18. Valeur 2020.

le ginseng a poussé, le dollar canadien s'est effondré et le cours du ginseng lui-même a baissé avec l'augmentation considérable de la production américaine.

L'expérience tourne court. Seul Michel Leroux parviendra à valoriser son ginseng en vente directe sous forme de poudre et de gélules. Il écoulera ainsi son stock mais cessera la production, décidément inadaptée au rythme d'une exploitation de grande culture.

Taux de change du dollar canadien par rapport au franc français

Source : https://fxtop.com/fr/historique-taux-change.php?A=1&C1=CAD&C2=FRF&TR=1&MA=1&DD1=01&MM1=01&YYYY1=1992&B=1&P=&I=1&DD2=31&MM2=12&YYYY2=1995&btnOK=Chercher

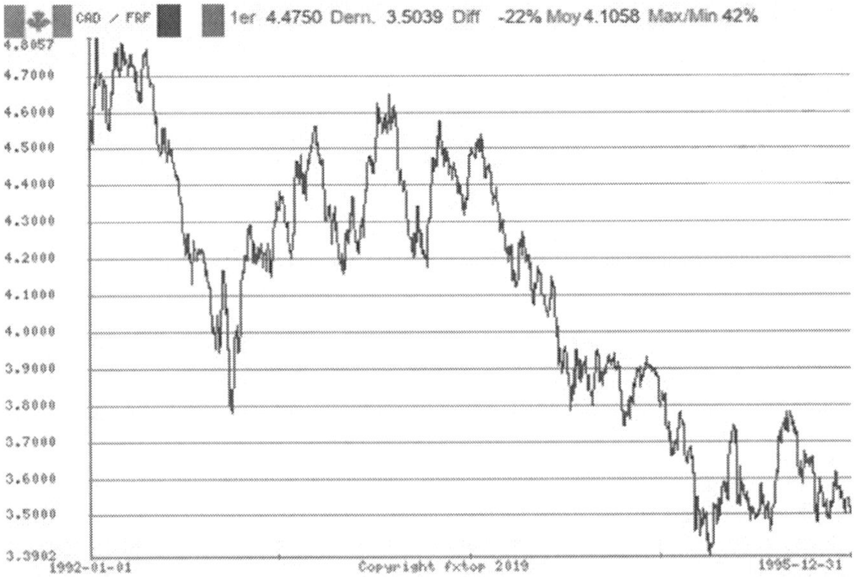

Le laboratoire

Dès l'origine, l'APLCEA a choisi de rémunérer les légumes sur la foi des réceptions des clients utilisateurs. Cette option n'a jamais été remise en cause, mais ceci ne signifie nullement que la coopérative se désintéresse de la qualité de ses expéditions. Rien n'est pire que de transporter au loin une marchandise inadéquate. Il faut supporter le coût de transport, aller et retour, voir son image de marque écornée et répercuter les frais sur le producteur forcément mécontent. Tout le monde a donc intérêt à ce que la caractérisation du lot soit claire avant son expédition.

En 1992, la Coopal construit donc un laboratoire, mot un brin pompeux pour désigner une sorte de grande cuisine. Les légumes y sont analysés selon les critères des clients : calibrage, tendreté, aspect, etc. Quant aux pommes de terre, elles sont transformées en chips ou en frites de façon artisanale mais selon les normes extrêmement précises des usines clientes. Les laborantins s'y rendent d'ailleurs régulièrement pour s'assurer que leurs regards et leurs appréciations sont bien homogènes avec ceux des acheteurs afin d'obtenir des notations identiques. Plusieurs administrateurs sont eux aussi invités, en 1999, en Angleterre pour observer et noter des chips !

Ce laboratoire est à présent un instrument majeur au service d'une intermédiation efficace et économe. La multiplication de nos clients nous confronte à des cahiers des charges de plus en plus différents les uns des autres. L'adéquation entre les lots et les destinations est devenue un enjeu significatif dans la valorisation de nos légumes et par conséquent la rémunération des producteurs.

Mieux, le sérieux du laboratoire est si bien reconnu que certains clients s'appuient sur ses résultats. Dans beaucoup d'usines, l'agréage des légumes se déroule en deux temps. D'abord, une inspection superficielle du camion permet de juger si le lot est convenable ou pas. Puis, s'il est accepté, au cours du déchargement des échantillons sont prélevés au hasard et analysés rigoureusement pour déterminer les critères de qualité qui seront à la clef du paiement. Plusieurs de nos clients ont suffisamment confiance dans notre laboratoire pour ne plus imposer la première étape à un camion venant de la coopérative. Son estampille leur suffit.

Abondance

La récolte de 1992 est abondante. Trop. 130 hectares de jeunes carottes et 60 de pommes de terre ne sont pas récoltés faute de débouché. Puisque nous nous appuyons sur des contrats, cette situation n'entraîne aucune conséquence financière fâcheuse pour les adhérents. Le chiffre d'affaires prévu est réalisé en récoltant une surface moindre et il est réparti entre les adhérents en proportion des surfaces semées. Reste seulement le regret d'avoir travaillé pour détruire une marchandise de bonne qualité. En revanche sur le marché de frais, la situation est catastrophique. Les prix, fixés au jour le jour, s'effondrent. L'État, à l'époque, est capable d'intervenir. S'il obtient la preuve de la destruction des pommes de terre, il indemnise une partie des pertes.

Est-ce son rôle ? On en peut discuter à l'infini.

Exportation

En 1992, Flodor est toujours notre premier acheteur de pommes de terre. Le cœur d'une usine de chips, c'est une grosse friteuse, une grande marmite pleine d'huile bouillante facilement inflammable. Et, ce qui ne doit pas arriver se produit. De l'huile prend feu. L'usine est en partie incendiée et une ligne de fabrication est inutilisable pour plusieurs mois. C'est assez banal dans ce métier. Les concurrents de Flodor lui fournissent des chips à sa marque dans la mesure de leurs possibilités et des moyens de Flodor, mais, vis-à-vis des fournisseurs de pommes de terre, un incendie est un cas de force majeure. Comme les révolutions, les séismes ou les guerres, les incendies exonèrent ceux qui les subissent du versement de dommages et intérêts en cas de rupture de contrat.

Flodor annonce donc à ses fournisseurs de pommes de terre qu'elle ne sera capable d'absorber que les trois quarts du contrat. Le quart restant revient à la libre disposition des producteurs. Les agriculteurs de la région de Péronne, qui ont fini par comprendre l'intérêt de cultiver des Saturna, se trouvent pris à contre-pied. Face à la surproduction générale de cette année, ils sont réduits à dénaturer leurs pommes de terre excédentaires pour recevoir une maigre indemnité.

La Coopal ne l'entend pas ainsi. Si un problème commercial surgit, le service commercial doit tout faire pour tenter de le régler. Le service commercial, c'est en l'occurrence le seul directeur, Dominique Lemoine. Il cherche, et finit par s'envoler pour l'Espagne, où l'usine de Frito-Lay se trouve un peu à court de pommes de terre. Un contrat est signé. Il faut le mettre en œuvre.

Le marché unique est si bien passé dans les mœurs de tous les Européens, à l'exception navrante des Anglais, que nous avons oublié ce qu'étaient les frontières. Mais en 1992, les frontières existent encore bel et bien à l'intérieur de l'Europe. Chaque camion pour l'Espagne doit emporter un document signé le jour même en préfecture. Un travail administratif lourd et fastidieux, mais qui nous permet d'expédier toutes nos pommes de terre à chips.

Ce premier contrat sera suivi de beaucoup d'autres, Frito-Lay devenant rapidement notre plus important client alors que Flodor vient à s'effondrer. Signer un contrat avec une multinationale, surtout si elle est d'origine américaine, nécessite précision et sens du détail. Des discussions coriaces qui portent sur la moindre virgule. Mais quel confort une fois qu'il est paraphé ! Tout se passe comme c'est écrit, de part et d'autre. À condition d'être capable de remplir ses propres engagements, aucune surprise, aucun imprévu, aucune contrariété. De la rigueur et un professionnalisme de tous les instants. Rien à voir avec les PME qui, soumises à l'infernale pression des centrales d'achat, finissent trop souvent par adopter des comportements de maquignons.

Notre situation géographique est idéale pour Frito-Lay. Si cette société n'a pas d'usine en France, elle en possède en

Espagne, en Belgique et en Angleterre, l'heureuse contrée où chaque habitant consomme trois kilos et demi de chips chaque année alors que les Français se contentent de moins d'un kilo. Nous sommes au centre de son dispositif ouest-européen, si bien que, selon le contexte des différents pays, nous pouvons livrer nos tubercules là où c'est le plus opportun.

Au Royaume-Uni, Frito-Lay vend ses chips sous la marque Walkers, marque archi dominante du marché. Après quelques années, Frito-Lay, convaincue de la qualité de nos pommes de terre comme de nos services, nous propose de devenir un important livreur de l'usine de Leicester. C'est la plus grande usine du groupe en Europe, mais elle se situe en pleine ville. Impossible ici d'évacuer des eaux de lavages. Les pommes de terre doivent donc arriver propres, prêtes à l'emploi.

Frito-Lay se montre particulièrement exigeante en matière de sécurité alimentaire. Au Royaume-Uni les cantines sont pratiquement inconnues. Tout le monde va à l'école ou au bureau avec son déjeuner, lequel comprend la plupart du temps un paquet de chips en portion individuelle. Au début, on se sert des chips avec les doigts mais, à la fin, on renverse ce qui reste du sachet directement dans la bouche. Imaginons ce qui se passerait si un morceau de verre s'y était glissé. Les conséquences seraient dramatiques à tous points de vue. Nos livraisons ne doivent donc comporter aucun corps étranger d'aucune sorte. Frito-Lay nous achète des pommes de terre. Elle ne veut recevoir que des pommes de terre, rien que des pommes de terre. Ni terre, ni fer, ni verre. Nous devons être garants de la sécurité alimentaire.

Comment faire ? Impossible de laver les pommes de terre dans notre station conçue pour les seules carottes. En outre, il serait trop coûteux de transporter les pommes de terre à Marchais pour ensuite les réexpédier en Angleterre. En quelques mois, nous faisons construire deux laveuses mobiles, installées sur des plateformes de camion. Elles sont opérationnelles à l'automne 1999. Le tri peut s'effectuer dans de bien meilleures conditions sur des tables à rouleaux avec des tubercules propres. Grâce à une vigilance de tous les instants, nous parvenons à respecter le cahier des charges et ce contrat devient le plus lucratif de tous. Jusqu'à 25000 tonnes par an partent ainsi pour Leicester.

Une douzaine d'années plus tard, le contrat doit s'interrompre brutalement. Les Anglais sont encore plus étroitement nationalistes que les Français en matière d'alimentation. Les marketeurs de Frito-Lay se sentent obligés d'écrire sur les paquets de chips Walkers : « Fabriquées à partir de pommes de terre cultivées au Royaume-Uni. » Le nationalisme est en toutes circonstances stupide. Seules les productions haut de gamme de Frito-Lay continueront d'être élaborées à partir de tubercules en provenance du continent, les nôtres, et ce sont de nouveaux clients anglais qui apprécieront nos pommes de terre.

Disposant de nos laveuses, nous avons pu faire goûter nos pommes de terre propres à d'autres fabricants de chips. Beaucoup ont apprécié de pouvoir se débarrasser de cette façon du problème et du coût de l'évacuation des eaux de lavage. Ils nous achètent dorénavant des pommes de terre lavées. Nous avons depuis renouvelé nos laveuses. Celles de seconde génération comprennent un trieur optique, gage d'encore plus de sécurité.

ARCO

La Coopal est devenue un acteur renommé de la profession. Les projets de partenariat s'enchaînent. Transformation de pommes de terre près de Crécy-sur-Serre avec entre autres la SIPAM. Consortium avec ARCO[19] et les établissements Démazières pour une commercialisation groupée des pommes

19. SIPAM : SICA de pommes de terre Aisne-Marne. ARCO : Ardennes coopérative.

de terre, des plants et des oignons. Aucun des deux ne verra le jour. En revanche un rapprochement avec ARCO sera effectivement tenté.

ARCO, une coopérative basée à Rethel, commercialise 16000 tonnes d'oignons frais et du plant de pommes de terre produit sur 560 hectares. Le directeur s'en va. Nous nous connaissons bien puisque nous leur achetons du plant. Après quelques rencontres, fin 1993, le conseil d'administration d'ARCO propose que Dominique Lemoine en prenne la direction en plus de celle de la Coopal. Pour preuve de notre volonté de rapprochement, ARCO cultivera 40 hectares de Saturna pour la Coopal et réciproquement la Coopal produira 40 hectares d'oignons pour ARCO.

L'expérience sera stoppée au bout de quelques mois.

À Marchais, les tâches de chacun sont claires, dans le droit fil des principes classiques des coopératives. Le conseil d'administration, avec l'aide du directeur, définit la stratégie de l'entreprise et contrôle son application. Quant au directeur, il gère le quotidien et embauche les collaborateurs nécessaires au bon fonctionnement dans le cadre du budget qui lui est alloué. Les échanges décisionnels entre administrateurs et collaborateurs sont donc strictement circonscrits aux réunions du conseil. Il ne viendrait à l'idée d'aucun administrateur de la Coopal de donner une instruction directement à un salarié.

Il n'en va pas de même à Rethel. Rapidement Dominique Lemoine se rend compte que ses prérogatives de directeur ne sont pas respectées. Certains administrateurs contournent son autorité et demandent à des collaborateurs d'agir en contradiction avec les décisions prises en conseil. Aucune mise au point ne permet de résoudre ces inconséquences, si bien que Dominique Lemoine, en plein accord avec la Coopal, met fin à ses fonctions chez ARCO au début de 1995.

Il s'ensuivra une longue situation conflictuelle entre les deux coopératives. La raison finira par l'emporter au bout de cinq années de chicaneries. Nous évitons de passer par le tribunal en effaçant nos dettes de part et d'autre.

ARCO a été liquidée en 2012 et la production d'oignons dans les Ardennes a considérablement diminué.

La SIPAM

En 1994, la Coopal est contactée par la SIPAM en vue cette fois d'un rapprochement. Créée en 1900, la SIPAM, dont le siège social se situe à Aulnois-sous-Laon, fut un temps la plus grande organisation de producteurs de pommes de terre en France. Cantonnée au marché de la pomme de terre de frais, elle voit les volumes qu'elle traite diminuer, car elle a du mal à justifier son intermédiation et surtout elle n'a pas trouvé de méthode incontestablement équitable pour rétribuer ses adhérents. Elle a dû fermer ses installations de Reims, mais dispose encore d'un centre de tri à Aulnois et les quelques producteurs qui lui restent fidèles, tous du Laonnois, sont de bons professionnels.

Après négociations, la Coopal achète les équipements d'Aulnois ainsi que le fonds de commerce et décide de s'intéresser de plus près au marché de frais. Depuis deux ans, la coopérative a des contrats pour une trentaine d'hectares avec des opérateurs de ce marché complètement distinct de celui des pommes de terre destinées à la transformation. En reprenant la SIPAM, elle se dote d'un atelier de tri et de conditionnement qui lui permet de toucher la grande distribution. Le conseil d'administration se donne trois ans pour réussir ou fermer.

Ce sera notre seule incursion sérieuse sur le marché de frais et l'occasion de démontrer qu'il n'est pas possible d'y travailler sur une grande échelle en s'appuyant sur des contrats. Les années d'abondance, les clients trouvent des défauts rédhibitoires aux meilleurs lots. Les années de pénurie, le pire lot est accepté.

Un modèle économétrique, à l'élaboration duquel nous avons contribué, montre que sur le marché français des pommes de terre, une variation de volume de 1 % a pour conséquence une variation inversement proportionnelle du prix de 7 %. Les mêmes ordres de grandeur sont constatés aux États-Unis. Un tel aléa est culturellement insupportable pour les producteurs de la Coopal attachés à la stabilité et à la prévisibilité des contrats. L'expérience sera clôturée au bout de trois ans après l'échec d'une tentative d'association avec Parmentine, un des leaders des pommes de terre de frais. Poursuivre seul aurait été déraisonnable, la capacité de l'atelier d'Aulnois est de moins de 7000 tonnes par an alors que les grands intervenants en traitent plus de 100000. En outre, les sables donnent à la peau des pommes de terre un aspect peu attractif pour les clients, ce qui occasionne trop de refus.

On achète bel et bien avec les yeux.

Les producteurs de la SIPAM resteront adhérents de la coopérative, mais formés à l'individualisme, plusieurs seront tentés de retrouver les frissons du marché de frais et finiront, au bout de quelques années, soit par cesser de produire des pommes de terre, soit par contractualiser individuellement avec des transformateurs. Insupportable de se plier à une discipline, même quand on sait qu'elle est au bénéfice de tous !

Prim'allia

La notoriété de la Coopal s'étend. Elle dépasse le milieu des professionnels des légumes. Un matin de 1994, un courrier nous intime de cesser d'employer le nom de Coopal. Ce courrier est signé d'une entreprise nommée Copal, active dans le commerce de « produits de la terre ». Renseignements pris, une dizaine de sociétés françaises utilisent un nom proche du nôtre. Pour lever toute ambiguïté, il nous faut donc en changer. Ce sera Prim'allia, un nom trouvé par un administrateur, Christophe Compère. Un nom qui n'a pas cherché de sens précis mais évoque l'innovation, l'allant, la fraîcheur et la solidarité. La continuité est totale. Rien ne change excepté le nom et le logo, mais c'est l'occasion d'une grande fête le 19 mai 1995, où adhérents, collaborateurs, clients et fournisseurs peuvent prendre conscience du chemin parcouru en dix-huit ans, depuis le semis des premiers hectares de grosses carottes.

Une plaquette, la première du genre, illustre l'aventure et présente les atouts de Prim'allia.

Les administrateurs stagiaires

Une coopérative est administrée selon un modèle de démocratie représentative alors que chaque adhérent y engage l'avenir de sa ferme. La compréhension fine du fonctionnement par le plus grand nombre possible de coopérateurs constitue un enjeu essentiel pour développer l'*affectio societatis.* En outre les administrateurs doivent tout à la fois être disponibles, refléter les adhérents, savoir mettre l'intérêt général au cœur de leur réflexion - ce qui signifie savoir oublier momentanément leur intérêt particulier -, comprendre les enjeux stratégiques de la coopérative, se montrer créatifs tout en restant discrets et solidaires des décisions prises. Sans négliger une représentation spatiale et sociologique correcte. Complexe.

Leur recrutement est un sujet à ne pas éluder sous peine de parvenir à une coopérative hors-sol, dont les administrateurs finissent par être choisis par la direction, toute technostructure cherchant naturellement à se renforcer. Une sorte de réflexe de clonage d'autant plus facile et tentant que la taille de la coopérative s'accroît. Ceci n'est pas un plaidoyer pour maintenir de petites coopératives. C'est au contraire focaliser son attention sur l'une des conditions de réussite de coopératives suffisamment vastes pour assurer au mieux leur objet social. Dans l'intérêt des adhérents, faut-il le rappeler.

À Prim'allia, nous reprenons une vieille idée, celle des administrateurs stagiaires, que nous dynamisons. Chaque année, nous faisons entrer un ou deux nouveaux invités au conseil d'administration pour deux ans. À l'exception des quelques votes formels, nous nous engageons à leur donner la parole et à les écouter aussi attentivement qu'un véritable membre du conseil. Et nous leur faisons une promesse : au bout des deux ans, ils ne seront pas directement administrateurs. Ainsi aucune douleur d'ego, aucune amertume. Par ailleurs, le plus souvent, nous pouvons inscrire le stagiaire dans une formation qui lui permet de côtoyer d'autres acteurs de l'agriculture et ainsi d'élargir ses vues.

Près du quart des adhérents a passé deux ans au conseil d'administration, où il a pu comprendre en détail les mécanismes de l'organisation et en retour apporter à celui-ci la fraîcheur d'une réflexion libre de routine. Cela nous a permis de constituer un précieux vivier dans lequel il est facile de puiser lorsqu'il faut compléter le conseil. Plus de risque d'erreur de casting. Nous avons la certitude que les valeurs de la coopérative seront respectées et promues.

Les collaborateurs

La coopérative est au service de ses clients pour le plus grand profit de ses adhérents. Et si elle y parvient, c'est grâce à ses collaborateurs. Leur épanouissement est le socle de l'efficacité de l'ensemble. Le directeur est seul responsable de son équipe. Dominique Lemoine se comporte auprès d'eux, avec un talent remarquable, en véritable chef d'entreprise. Sa porte est toujours grande ouverte et il sait impulser un élan qui est déterminant pour la croissance de Prim'allia.

Il n'empêche, il est bon de savoir s'arrêter un moment, de profiter d'un regard extérieur, de retrouver ses bases. Tous les cinq ou six ans, avoir recours à un conseil externe s'avère utile. Un cabinet d'audit ne révolutionne certes pas les pratiques, mais permet d'écarter quelques pierres d'achoppement. L'exercice semble souvent au premier abord risqué et déstabilisant pour l'encadrement, mais l'équipe en est chaque fois sortie renforcée.

Même s'il est plus question, dans cet ouvrage, des adhérents qui sont au cœur de la coopérative, je n'oublie pas la part capitale des collaborateurs dans les réussites de notre organisation. Sans leur engagement tous nos projets auraient été vains.

Revalorisation des parts

Avec une inflation moyenne de l'ordre de 6 % depuis la création de Prim'allia, la valeur réelle des parts sociales fond à toute allure. Une seule méthode pour y remédier : recourir à l'option de la revalorisation des parts sociales. La réglementation permet de distribuer les réserves pour augmenter la valeur des parts dans la limite du taux officiel de revalorisation des rentes viagères. Prim'allia utilise ce mécanisme, trop peu pratiqué par les coopératives en général, en 1994 puis dès que l'inflation atteint 15 à 20 %. C'est l'unique méthode légale permettant d'accroître le capital social en piochant dans les autres lignes des fonds propres qui sont, en tout autres circonstances, indisponibles. Cette méthode permet aux adhérents de profiter de leur effort de capitalisation dans leur outil commun.

Le plafonnement à la revalorisation des rentes viagères rend le mécanisme inopérant en ces temps de taux négatifs. Dommage, car le besoin de fonds propres est toujours d'actualité et l'indispensable remontée en réserve crée un capital sans capitalistes.

Même si la coopérative doit d'abord rétribuer l'activité, il n'est pas inconvenant de récompenser ceux qui, année après année, laissent le bénéfice de cette activité à la disposition du groupe. Dans cette logique, Prim'allia a, chaque fois que c'était possible, choisi de rémunérer les parts sociales au maximum légal.

Alliacor

L'usine de fabrication de chips la plus proche de Marchais est Vico. Une coopérative, elle aussi. Il serait paradoxal de nous ignorer. Prim'allia y a souscrit des parts pour livrer 2500 tonnes. Pourquoi ne pas aller plus loin ? Vico vend aussi des pommes de terre en l'état. Un nouveau projet s'élabore en 1995, qui prend le nom d'Alliacor. Il s'agit de réunir le commerce de pommes de terre de Prim'allia, de Vico et des Établissements Roussineau, un négoce privé, dans une seule entité qui pourrait représenter 30 % des pommes de terre françaises destinées à la transformation. Dominique Lemoine est pressenti pour en prendre la direction. Les difficultés commerciales et industrielles de Vico auront toutefois raison de cette idée.

Décidément, les associations trop floues ne peuvent pas prendre corps. Il faut aller plus loin, réaliser des rapprochements plus structurels. Achat ou fusion.

L'assurance qualité

Depuis l'origine de la coopérative, les producteurs se conforment aux cahiers des charges de leurs clients, cahiers des charges qui sont l'objet de négociations lors de l'établissement des contrats. Ils en constituent l'un des trois piliers aux côtés de la quantité et du prix. Jusqu'ici ils sont élaborés par les clients eux-mêmes, en toute autonomie, la plupart du temps dans un souci de démarquer qualitativement leur offre.

Mais voici que la qualité vient d'entrer dans le champ de la normalisation.

Les jeunes carottes ont parfois un collet vert ou noir. Lorsque l'on en trouve en ouvrant une boîte de conserve, c'est vilain. Il convient donc d'en limiter drastiquement la proportion et les cahiers des charges ont toujours comporté des limites maximales pour ces deux défauts. En 1992, Bonduelle nous fait part d'une nouvelle exigence : il ne doit plus y avoir aucun collet vert ou noir dans nos livraisons. C'est évidemment une garantie que la coopérative ne peut accorder, c'est agronomiquement inatteignable. Réponse : « *Il le faut impérativement, c'est inscrit dans notre certification ISO 9002.* » ISO 9002, la nouvelle vogue, le nouveau Graal des entreprises depuis qu'en 1987 l'Organisation internationale de normalisation s'est penchée sur le management de la qualité ! En réalité, rien dans cette norme ne conduisait fatalement à une exigence aussi déraisonnable de la part de Bonduelle. Et nous avons continué, après négociations, de livrer des carottes avec une tolérance acceptable de défauts du collet consignée dans le contrat.

Mais pour soutenir une discussion efficace, nous comprenons qu'il nous faut disposer de la même panoplie d'arguments. Nos relations avec Frito-Lay nous y incitent également. Nous devons, nous aussi, être certifiés. Longue besogne. Pour être certifié, il faut d'abord écrire ce que l'on fait pour ensuite faire ce que l'on a écrit et enfin être en mesure de le prouver. Et tout cela dans un processus d'amélioration continue.

Écrire ce que l'on fait. Les fonctions de chaque collaborateur sont décortiquées. Exercice forcément délicat dans une entreprise aux activités diverses selon les saisons. Assurément compliqué lorsque le travail consiste à choisir les parcelles, conseiller les producteurs pour accroître leur productivité dans le respect de la législation et des spécifications des clients, négocier des contrats, veiller à la livraison jusqu'au destinataire, ceci pour une douzaine de légumes très différents les uns des autres. Nous devons finalement embaucher une collaboratrice exclusivement dédiée à ce travail. Au-delà de la description détaillée, elle met au point la documentation que chacun devra tenir à jour pour être en mesure de prouver, rapidement et sans conteste, que ce qu'il a fait correspond bien à ce qui est prévu. En cas de dysfonctionnement, cette documentation devient un point d'appui pour proposer et mettre en œuvre des remèdes. Le plus difficile est de trouver le juste équilibre entre traçabilité exhaustive et paperasserie inutile. Chacun a, en l'occurrence, son propre point de vue et l'élaboration du nécessaire consensus interne n'est pas la moindre difficulté.

En 1997, Prim'allia devient la première coopérative agricole française à obtenir la certification ISO 9002 version 1994. Une certification qui couvre la totalité du spectre de nos activités, du repérage des parcelles jusqu'à la réception par le client. Une certification vaste dans l'espace et longue dans le temps, alors que beaucoup d'entreprises ont, à l'époque, opté pour des certifications partielles portant uniquement sur quelques tâches précises.

Si la mise au point de la certification dura si longtemps, c'est qu'elle a contraint la coopérative à examiner tous les détails de son fonctionnement. Dans toute entreprise, toute expérience humaine, il finit par se créer des trous noirs, des façons de se comporter qui, souvent de façon pragmatique, résolvent une complication mais remettent en cause la fiabilité des processus. La certification nous a obligés à regarder en face tous ces trous noirs. Il n'y avait rien de bien grave, mais nous avons, grâce à elle, pu mettre en œuvre des procédés fiables en toutes situations. Ce fut le principal bienfait de la certification.

Les premiers temps, cette certification fut aussi un véritable passeport pour accéder à de nouveaux clients. Une référence qui permettait à la coopérative de se différencier. Mais en quelques années, la certification s'est banalisée et, au fur et à mesure, les lourdeurs formelles sont devenues excessivement chronophages pour un gain qui s'amenuisait. La « boucle » d'amélioration de la qualité est entrée dans la pratique courante de l'entreprise et nous avons cessé de demander une certification officielle tout en en conservant les méthodes.

Et la croissance !

En relisant ce long chapitre intitulé « 1985-1996 : la croissance rapide », je m'aperçois qu'il y est finalement moins question de croissance que d'adaptation aux circonstances, ce qui est le lot de toutes les époques.

Il y manque le sentiment d'euphorie que nous a apporté la croissance. L'impression, pas toujours fausse, que tout est possible. Que la dépense ou l'investissement de l'année, s'ils sont un peu trop coûteux, trouveront leur pleine justification et leur rentabilité dès l'an prochain, quand le budget aura progressé, comme d'habitude, de 20 %. Alors, pourquoi ne pas passer à la réalisation dès aujourd'hui ? Pourquoi s'en priver cette année ?

C'est la période la plus intense de la vie de la coopérative, la plus créative. Un optimisme de tous les instants, un entrain quotidien, dynamise toutes ses parties prenantes, collaborateurs comme adhérents. Un bonheur au travail qui peut sembler suranné aujourd'hui.

J'ai une certaine nostalgie de cette période, même si les étapes suivantes ont été passionnantes par les défis qu'elles ont comportés. L'époque de la croissance ouvrait les portes de l'action. Plus tard, il nous a plutôt fallu agir en réaction.

Rappelons-le, les surfaces de légumes racines, y compris les pommes de terre, passent de 965 hectares à 4000 hectares en l'espace de dix ans, 4500 hectares si l'on inclut les légumes verts qui sont des compléments d'activités tant vis-à-vis des adhérents que des clients. Et cela sans compter les secondes cultures, dont les surfaces varient au gré de la conjoncture.

Ce chapitre oublie aussi le quotidien. Les bonnes et les mauvaises récoltes. La gestion avisée de l'abondance ou de la pénurie face à l'impérieuse nécessité de satisfaire nos clients à court, moyen et long termes. La négociation des contrats qui se poursuit en réalité toute l'année puisqu'on parle simultanément du contrat en cours d'exécution et du contrat à venir, sans oublier quelquefois les conséquences du contrat précédent. Le recrutement de nouveaux adhérents. L'analyse fine des non-qualités et la discrimination scrupuleuse entre celles qui doivent être supportées par la coopérative et celles qui sont de la responsabilité du producteur - en un mot, la « garantie » de l'équité - sans jamais accepter de « négociation » ni de « marchandage » avec les adhérents alors qu'il y va de leur éventuelle indemnisation et parfois de leur revenu de l'année. La vie de la coopérative est tissée de ces questions récurrentes qui finissent par former la toile de fond, c'est-à-dire la culture d'entreprise de la coopérative, sa fiabilité, sa crédibilité et sa valeur.

Des initiatives dans tous les domaines, un attrait spontané pour Prim'allia tant de la part des transformateurs que des producteurs, une croissance moyenne des surfaces de 18 % par an, une adaptation des moyens aux besoins facilitée, un accroissement des parts de marché qui permet de jouer un rôle de plus en plus important et reconnu sur nos marchés. Pas d'obstacle devant nous. L'avenir est prometteur !

1997-1999 :
LA CRÉATION D'EXPANDIS

L'activité de Prim'allia s'est étendue. Celle avec les tiers non associés frise le maximum autorisé de 20 % du chiffre d'affaires. Il convient d'adapter notre territoire à cette nouvelle réalité. La coopérative obtient sa reconnaissance dans l'Aisne, une partie des Ardennes, le Loiret, la Marne, l'Oise et la Seine-et-Marne. Le développement peut donc se poursuivre. Nous créons un secteur dans l'Indre, mais ce n'est pas encore suffisant.

Les pommes de terre des Landes

Prim'allia est devenue un fournisseur de pommes de terre important pour ses clients. La concentration de la production dans l'Aisne et le nord du Bassin parisien leur fait courir un risque météorologique qui, en s'accroissant, devient excessif. Ils cherchent donc à diversifier les zones d'approvisionnement, quitte à augmenter les coûts de transport. Comme pour les carottes, les Landes sont bien adaptées. Région précoce, elle permet de hâter le passage à la nouvelle campagne, gage de meilleure qualité de fabrication. Des semaines pendant lesquelles Prim'allia risque de ne plus être présente dans les usines. Or chacun sait qu'une relation commerciale se construit dans la durée. Toute interruption est un recul.

Prim'allia décide de passer elle-même des contrats avec des producteurs de la région de Bordeaux. L'avantage est double.

Les clients ne peuvent plus oublier la coopérative, et surtout la fiabilité de nos contrats s'en trouve renforcée. L'aléa de rendement constitue, depuis l'invention de l'agriculture, le principal risque de l'alimentation. En ayant des producteurs dans deux régions très différentes, il devient possible de jouer de leur complémentarité. Si les rendements sont médiocres dans le Nord, il est facile d'accroître les surfaces dans le Sud et inversement. Chaque région devient le complément de l'autre pour leurs bénéfices réciproques.

En 1996, ce sont 1000 tonnes qui sont achetées.

La croissance s'enraye

1996 marque un tournant, un sommet dans les surfaces de légumes racines de Prim'allia. La réforme de la politique agricole commune (PAC) de 1992 a engendré une forte inquiétude chez les producteurs de grandes cultures. Beaucoup ont cherché une diversification et Prim'allia a accueilli nombre de ceux qui ont voulu introduire dans leurs rotations des légumes ou des pommes de terre. Ceux qui comprenaient les atouts de notre organisation exigeante.

Prim'allia est une entreprise d'intermédiation. Efficace dans la mesure où elle diminue les coûts des filières auxquelles elle se consacre. Sa croissance est une source d'économie unitaire. Elle suppose naturellement une augmentation des volumes achetés par ses clients et, parallèlement, une augmentation de la production de ses adhérents.

La croissance ne se décrète pas. En 1997, nos clients, satisfaits de nos livraisons et de nos services, nous demandent toujours plus de légumes et de pommes de terre. Mais nous avons en quelque sorte fait le plein des agriculteurs prêts à se conformer à notre méthode. Méthode précieuse. Ainsi cette année-là, 10 % des camions qui entrent dans les usines McCain sans passer par Prim'allia sont refusés. Un sur dix ! De ceux qui proviennent de Prim'allia, il y en a moins d'un demi pour cent. Cinq pour mille. Vingt fois moins de refus. Les exigences quelquefois difficiles à supporter de la coopérative ont des conséquences très concrètes sur les revenus des adhérents même si ces « non-refus » ne se perçoivent pas facilement.

Le fait est que nous ne parvenons plus à recruter des producteurs au rythme de l'accroissement de la demande de nos clients. Ce sera, dans les années qui suivent, notre principale préoccupation. Croissance interne et croissance externe. Interne. Où prospecter ? Dans la Somme ? Les producteurs de pommes de terre y sont maintenant à la recherche de contrats, mais leurs expériences coopératives, soldées par des échecs navrants, ne les encouragent pas à nous rejoindre. Externe. Les diverses idées de partenariat, jamais vraiment abouties parce que trop floues, nous incitent à être exigeants. Toute alliance doit être un engagement décisif.

Aux origines de Vico

Dans le monde agricole des années 1980, on cite communément en exemple les coopératives de Vic-sur-Aisne. On met en valeur leur inventivité et leur solidarité. Une fédération qui regroupe sucrerie, féculerie, glucoserie, usine de chips, coopérative céréalière, coopérative d'approvisionnements et CUMA. Un véritable achèvement de la coopération agricole !

Réussite industrielle sans égale dans la région, la coopérative Vico, fondée en 1955, est la plus emblématique du groupe.

Dans les années de l'immédiat après-guerre, les citadins ont encore l'habitude d'acheter à l'automne, en une seule fois, les pommes de terre dont ils auront besoin dans le courant de l'année et de les stocker, à leurs risques et périls, dans leur propre cave.

Le tracteur remplace le cheval. La Communauté économique européenne voit le jour avec pour premier objectif l'autosuffisance alimentaire de l'Europe. Dès qu'un soupçon de prospérité revient, les modalités d'achat des ménages évoluent.

La Vico est créée avec pour ambition mettre en œuvre un centre de tri et de conditionnement de pommes de terre en filets afin d'approvisionner les détaillants toute l'année. Finie la corvée de la « rentrée des patates ». Voici venir le temps de l'achat en fonction des besoins de la semaine ou du mois. Finie la hantise de manquer. Fini le besoin de se rassurer en possédant des stocks.

Le prix des pommes de terre en l'état est très - beaucoup trop - fluctuant selon la productivité de l'année. C'est le cas depuis toujours, mais ne serait-il pas possible d'utiliser la coopérative pour régulariser les revenus ? Idée simple et géniale ! En transformant lesdites pommes de terre en un produit dont on maîtrise le prix de vente. Et en faisant redescendre la valeur ajoutée[20] de ce produit aux producteurs. Ainsi, en 1965, quelques années après Flodor, Vico démarre une production de chips dans un petit atelier.

Le succès est rapide, le développement de l'usine spectaculaire. En 1969, pour compléter sa gamme et trouver un débouché à des pommes de terre inaptes à devenir des chips, Vico se lance dans la fabrication de flocons de pommes de terre pour la purée déshydratée. Le succès commercial est inouï. Le succès agricole s'ensuit. Unique dans les annales. Les parts sociales de la Vico sont en nombre limité. En effet elles permettent de fournir dix tonnes de pommes de terre à l'usine qui, par nature, n'est pas extensible au gré de la volonté des producteurs. Phénomène insolite, un marché secondaire des parts de la coopérative s'installe. On en vient presque à spéculer. Les producteurs de pommes de terre du Soissonnais se battent pour profiter des excellents prix payés par la coopérative. Une réussite célébrée dans la France agricole entière.

---

20. Ou remonter, c'est selon les promoteurs. De nos jours on écrit plus volontiers capter... S'agit-il d'ailleurs vraiment de valeur ajoutée ? Ne veut-on pas plutôt parler de bénéfices ou de dividendes ? Le vocabulaire est changeant et flou. Tout comme le concept.

En 1981 la signature commerciale de Vico est explicite. Dans sa communication, Vico est « le roi de la pomme de terre ». Curieux. Comme si l'entreprise était plus attentive à ses fournisseurs qu'à ses clients. Ainsi Vico est seconde sur le marché français des chips, derrière Flodor, qui s'y consacre exclusivement. Seconde en purée derrière Mousline, la marque de Nestlé, l'entreprise qui a construit à Rosières-en-Santerre la plus grande usine au monde de flocons. Mais pourquoi être acrimonieux ? Les prix des pommes de terre à la Vico sont les meilleurs. De loin. Le *business model* est le bon. Indéniablement au profit des producteurs.

Même Prim'allia veut en bénéficier. Nous avons souscrit des parts pour livrer 2500 tonnes de pommes de terre. Avouons-le, compte tenu de la proximité de l'usine, nous essayons parfois d'y envoyer des lots un peu limite, un peu douteux. S'ils sont refusés, les frais de transport de Marchais à Vic-sur-Aisne ne sont pas dissuasifs. Notre réputation n'est donc pas des meilleures chez Vico, mais nous sommes partie prenante, à petite échelle, de l'aventure.

Le poids de la grande distribution

Le monde de la distribution se concentre à grande vitesse. Rachats et fusions se succèdent. Une cartellisation s'organise, qui remet en question les modes de production dans tous les secteurs. Celui de la chips n'est pas épargné. À la fin des années 1980, les distributeurs se sentent assez puissants pour tenter de se passer des grandes marques. L'idée n'est pas nouvelle. Déjà, au début du siècle, Félix Potin ou Casino commercialisaient des produits alimentaires à leur marque propre. La nouveauté réside dans la généralisation de la démarche. Toutes les enseignes veulent promouvoir des produits sous leur nom à elles. Ne plus être de simples intermédiaires mais devenir à leur tour des prescripteurs. Rares sont celles qui acquièrent des usines. Intermarché est l'exception française en ce domaine. Les distributeurs se tournent au contraire vers leurs fournisseurs habituels pour leur demander d'emballer leur production à leur marque. La question essentielle, existentielle, que se posent tous les fabricants est alors : vendre ou ne pas vendre sous marque de distributeur ?

En chips, Vico et Flodor procèdent, chacune de son côté, à la même analyse. Elles sont coleaders du marché et disposent de marques à la notoriété exceptionnelle. Pourquoi s'aventurer sous une marque qui n'est pas la leur ? Pourquoi risquer de se cannibaliser ? La marque constitue au contraire le bien le plus précieux de l'entreprise. C'est elle qui tire les ventes grâce à la fidélité des consommateurs. Il convient de la défendre. Publicité et marketing sont renforcés.

Il serait injuste, une fois l'histoire écrite, de critiquer les décisions prises à l'époque au regard de ce que nous savons de leurs conséquences. Remarquons simplement que la prospérité des adhérents dépend, à ce moment précis, de la réponse à cette question. Question dont ils n'ont pas vraiment conscience. Question qui est étrangère à leurs préoccupations. Question qui exige, pour y apporter une réponse avisée, des compétences dont ils ne disposent pas. Question dont la réponse engage toute la suite. Si la réponse est la bonne, la prospérité de l'entreprise sera à la hauteur du risque encouru. Si elle est mauvaise, les pertes peuvent être insupportables. Un véritable défi d'entrepreneur alors qu'au fond les producteurs cherchent simplement une rémunération correcte de leurs pommes de terre.

Publicité et marketing sont renforcés. Au détriment de la modernisation des usines.

En 1988, un ancien fabricant d'huile, M. Charles Benkemoun, décide de créer de toutes pièces une usine de chips à La Ciotat. Devenue Sibell, l'entreprise dispose d'une usine moderne et ne s'encombre ni de publicité ni de marketing puisqu'elle choisit, en toute connaissance de cause, de vendre exclusivement sous marque de distributeur. Son attention est entièrement portée sur la productivité dans le cadre de relations à la fois étroites et tendues avec ses clients. En Bretagne, la famille Glon, leader régional, grâce à Sanders, de l'alimentation du bétail, prend une initiative analogue et installe en 1994 une usine à Saint-Gérand dans le Morbihan. Pas de publicité, pas de marketing, mais une usine moderne, automatisée et compétitive. Altho[21].

Deux nouveaux concurrents. Deux concurrents à coup sûr modestes qui resteront cantonnés dans le petit créneau des marques de distributeurs[22]. Puisque seule compte la marque. Foi de Flodor ! Foi de Vico ! Peut-être, mais tout leaders qu'ils sont, il leur faut bien passer par le canal de la grande distribution. Laquelle vient d'inventer un concept particulièrement pervers : la « marge arrière », appelée aussi « rétrocommission ». Plus délicatement, les enseignes mettent en avant l'expression de « coopération commerciale » ! De l'argent que doit reverser le fournisseur au distributeur en fin d'année, sous prétexte de rémunérer les investissements commerciaux des magasins. Curieux. N'est-ce pas justement le cœur de leur métier, normalement rémunéré par la marge qu'ils prennent entre le fournisseur et le client ? Leur marge classique ?

Cette pratique n'est en réalité pas vraiment nouvelle, mais elle explose et se généralise dans les années 1990. De 2 % au milieu des années 1980, on atteint en moyenne 35 % à la fin du siècle, avec des pics voisins de 50 %[23]. Ruineux. La marque n'y suffit plus. Les marges arrière dévorent les résultats des entreprises de production. Plus aucun budget n'est disponible pour la modernisation des usines, qui font pâle figure face à celles de leurs nouveaux concurrents. Les ateliers de mise en cartons par exemple sont entièrement manuels d'un côté et totalement

21. En 1999, la société Roger & Roger construira une usine à Mouscron en Belgique adoptant la même stratégie commerciale.
22. Plus tard, ces deux usines voudront elles aussi vendre sous leur propre marque, Bret's pour Altho et Sibell pour Sibell.
23. https://www.ilec.asso.fr/article_bulletin_ilec/4416.

automatisés de l'autre. D'entreprises prospères, Flodor comme Vico vont passer en quelques courtes années dans la catégorie des entreprises en grande difficulté.

Comprenons-nous bien. Il ne s'agit pas de remettre en cause la prodigieuse efficacité de la grande distribution en matière de logistique et de mise à disposition des produits alimentaires. Elle a permis d'abaisser les coûts d'intermédiation et, par là même, a puissamment participé à l'amélioration de l'offre, à sa diversité et par conséquent à l'augmentation du pouvoir d'achat général. Si elle n'existait pas, il faudrait l'inventer. Ce qui est en cause, c'est sa concentration. Nonobstant les discours lénifiants de MM. Leclerc, Papin ou Mulliez, cette concentration s'accompagne de méthodes de voyous, telle celle des marges arrière qui ont étouffé nombre de PME de l'agroalimentaire.

Comment le régulateur de la concurrence a-t-il pu laisser se créer cet oligopsone ? Deux coopératives agricoles qui fusionnent sont disséquées et doivent souvent abandonner une part de leur activité à des concurrents, y compris négociants ! Pendant ce temps le rapprochement des centrales d'achat, qui déjà sont moins de dix en France, semble aller de soi, sans contrainte grâce à l'argument ressassé à l'envi, mais jamais vraiment mesuré, de la baisse des prix. Le manque d'entreprises de taille intermédiaire en France, surtout dans l'agroalimentaire, est dû en grande partie aux pratiques abusives des centrales d'achat.

Comment se sortir du piège pour une entreprise de production ? Deux voies sont possibles : être d'une taille telle qu'on est indispensable ou s'installer dans une niche. Et dans tous les cas innover sans cesse. Même un marché qui semble mature, comme celui des chips à l'époque, peut être réveillé. Frito-Lay introduit en France ses chips assaisonnées avec des goûts sans cesse renouvelés, toujours plus surprenants. La recette assure la prospérité de la compagnie aux États-Unis. Elle la duplique en Europe avec le même bonheur. Vico et Flodor, au bord de l'asphyxie, ne peuvent pas suivre. Altho et Sibell, encouragées par leurs clients à la recherche d'alternative aromatisée pour leurs marques de distributeurs, suivent les traces de Frito-Lay. Vico, à bout de souffle, finira par accepter de fabriquer des chips sous marque de distributeur, mais bien trop tard et dans des conditions telles que les meilleurs lots porteront les marques d'enseignes, la marque Vico devant se contenter du second choix. La fin était proche.

L'impossible cession des usines

Tout cela est connu. Ce qui l'est moins, c'est la proposition faite par Frito-Lay à Vico. En 1993, Lay's cherche à s'implanter durablement sur le marché français et plus largement sur le continent européen. Ses usines anglaises sont saturées. La société veut s'installer, comme il est naturel en matière de chips, près d'un bassin de consommation. Elle souhaite démarrer son activité en reprenant une entreprise déjà bien établie. Celle de Vic-sur-Aisne correspond à ses ambitions. Frito-Lay propose donc à la Vico d'acheter son usine de chips moyennant 250 millions de francs[24]. Malgré les difficultés déjà bien réelles, mais seulement connues de quelques dirigeants, la proposition sera rejetée. Pour de bonnes et de mauvaises raisons.

Les mauvaises sont questions d'ego. Être à la tête du « roi de la pomme de terre », c'est piloter une des entreprises les plus connues de l'agroalimentaire français. En être le président ou le directeur est flatteur. Retourner au seul commerce des pommes de terre en l'état, c'est déchoir. Être déclassé. S'exclure d'une certaine aristocratie. Déroger. Inacceptable.

Les bonnes à présent. 250 millions de francs, c'est beaucoup d'argent. Qu'en faire ? La réponse a l'air simple : les distribuer naturellement aux propriétaires de l'usine, à ceux qui, par leur capitalisation, ont permis son développement.

---

24. 50 millions d'euros de 2020.

Impossible hélas ! en contrepartie de l'exonération de l'impôt sur les sociétés accordée aux coopératives, le législateur a cru bon de leur interdire de distribuer les plus-values qu'elles peuvent encaisser lors de la revente de leurs actifs. Rien ne s'y oppose pourtant en théorie. Les bénéfices réalisés par la coopérative ne sont certes pas imposés chez elle, mais ils le sont après distribution aux adhérents. Il s'agit d'une transparence fiscale classique, pas d'une faveur dérogatoire. Quant aux plus-values, rien n'empêcherait de les taxer afin d'être équitable avec les sociétés de capitaux. Mais c'est ainsi. Leur distribution est interdite. Seule est permise une dévolution à une organisation agricole, la plupart du temps une autre coopérative. Les 250 millions ne sont pas distribuables aux adhérents. Ils ne sont donc d'aucune utilité pour Vico, qui n'a pas d'autre investissement à réaliser si elle sort de la transformation des pommes de terre. Exit Frito-Lay et son argent. Vico affrontera seule les vents mauvais et Frito-Lay achètera l'usine Croky en Belgique en 1998.

Il est ainsi exceptionnel qu'une coopérative se sépare d'un outil industriel sans y être acculée. Le cas d'Ebly est l'une des rares exceptions. En 1988, la coopérative du Dunois, à Châteaudun, veut mettre au point un blé facile à cuire à l'instar du riz ou des pâtes. Sept ans de recherches plus tard, elle propose sur le marché un blé précuit sous la marque Ebly. Le succès est rapide. Si rapide que Mars Food, la grande entreprise agroalimentaire américaine, propose d'acheter l'usine et ses brevets. Cette fois la réponse de la coopérative est positive. Une coopérative céréalière a toujours besoin de moderniser ses silos. Elle pourra donc réinvestir ses plus-values. Avisée, elle comprend qu'elle n'est pas de taille à assurer le développement de sa pépite. Elle la vend tout en conservant une participation et négocie un contrat d'approvisionnement. J'y vois une réelle réussite entrepreneuriale intelligemment menée dans un cadre coopératif. Partageant mon admiration avec un administrateur du Dunois quelques mois plus tard, j'ai la surprise de constater qu'il a vécu la vente d'Ebly comme un échec. Comme si l'entreprise n'avait de justification que par l'espoir de dividendes et non de plus-values.

Mise en perspective

Pourtant, la vie d'un produit et par conséquent celle des entreprises qui le portent suivent des trajectoires dont les grandes lignes sont communes et connues. Le début est le temps des pionniers. Ils ont une idée, naturellement géniale. Il leur faut de la hardiesse, de la ténacité, du temps, mais ils n'ont pas besoin de beaucoup de moyens. C'est l'image des bricoleurs acharnés au fond d'un garage popularisée par Steve Jobs. C'est le temps des artisans.

Vient ensuite le succès. Le produit rencontre sa clientèle. La demande est forte. L'offre peine à la satisfaire. Il faut investir sans cesse. Les entreprises présentent des *business plans* crédibilisés par l'évolution des ventes. Les banques et les financiers de toutes natures se pressent pour proposer leurs capitaux. La rentabilité est assurée puisque les prix sont dans une grande mesure fixés par les fabricants. C'est le temps de la croissance, d'une certaine euphorie. Le temps des PME.

Et les arbres ne voient pas arriver le plafond du ciel. On investit toujours puisque la demande va augmenter, toutes les études le prévoient. Pourtant, et c'est habituellement brutal, la croissance s'arrête. Encore heureux si la demande ne se contracte pas. L'offre dépasse tout à coup la demande. Les prix sont à présent imposés par les clients. Les entreprises les plus fragiles, d'ordinaire les dernières entrées, font faillite. Surnagent celles qui sont les plus fortes, les plus résilientes. Elles sont souvent déjà de plus grande taille, ont pensé avant les autres à réduire leurs charges, ont pris les moyens d'innover, ont développé des marques internationales, ont trouvé leur financement en bourse. C'est le moment où il faut être raisonnable. C'est le temps des multinationales.

Rien n'empêche les coopératives agricoles de franchir victorieusement les deux premières étapes. Mais lors de la troisième, rien ne va plus. Un même dilemme se présente sous deux formes.

La première concerne la gestion à court terme. Le prix de revient est devenu déterminant. Tellement que, le matin, le directeur gère ses coûts et cherche par tous les moyens à acheter son approvisionnement agricole le moins cher possible. En revanche, l'après-midi, son conseil d'administration ne manque pas de lui rappeler que son rôle consiste à maximiser la valorisation des apports des adhérents. Si bien que la nuit le pauvre directeur ne peut plus dormir. Il est devenu schizophrène.

La seconde se rapporte à la stratégie à moyen terme. La coopérative fait face à un choix impossible, une alternative sans issue. Soit elle prend ses bénéfices et se retire du jeu - mais nous venons de voir que c'est économiquement inconséquent dans bien des cas et psychologiquement traumatisant pour les dirigeants, tant élus que salariés -, soit elle parvient à se hisser au niveau d'une multinationale, mais elle doit alors se lancer dans un cycle sans fin d'investissements et de rachats d'entreprises. Comme l'agroalimentaire est une industrie lourde, gourmande en capitaux, ces investissements repoussent toujours plus loin la distribution de dividendes autres que purement symboliques[25]. Et les agriculteurs ne touchent jamais de bénéfice tangible de leurs investissements. Encore heureux que, pour financer ceux-ci, on ne soit pas obligé d'amputer la valorisation des apports, valorisation qui est l'objet même de la coopérative. Cercle vicieux. Il en va tout autrement

---

25. L'exception des coopératives betteravières, qui se sont développées tout en servant de confortables dividendes à leurs adhérents, confirme en réalité la règle. Elles n'ont pu mener à bien leur politique que tant qu'elles ont vécu dans le nid douillet des quotas. Dès qu'il leur a fallu évoluer sans béquilles dans un espace devenu concurrentiel, les règles communes se sont imposées. Plus de profits, plus de distributions, et une immense frustration de leurs adhérents.

des actionnaires d'une société cotée, qui voient leurs efforts récompensés par la valorisation de leurs actions, actions qu'ils peuvent vendre s'ils ont besoin de liquidités. L'adhérent qui a besoin d'argent, lui, ne pourra jamais compter sur ses parts de coopérative.

Dans ces conditions, bien des coopératives se contentent d'une rentabilité étriquée de leurs investissements. Elles sont souvent amenées à acheter des entreprises en difficulté sous le fallacieux prétexte que celles-ci sont leurs clientes et que leur fermeture les obligerait à rechercher d'autres débouchés incertains. Combien d'entreprises ont été ainsi reprises par des coopératives locales pour être, quelques années plus tard, liquidées après avoir dévoré inutilement des capitaux agricoles ? L'histoire de la meunerie ou celle des abattoirs dans notre pays est jalonnée de tristes épisodes de cette nature.

Une fois une taille respectable atteinte sur leur marché, l'introduction en bourse pourrait constituer une échappatoire élégante pour le développement des filiales des coopératives. Les multinationales sont coutumières de cette méthode dite de « *spin-off* ». Las, malgré de timides tentatives, aucune coopérative n'y est véritablement parvenue. En cause une rentabilité trop faible pour attirer les investisseurs et une incapacité culturelle à imaginer l'ex-filiale volant de ses propres ailes, la majorité du capital étant dans le public. Au contraire, il est arrivé que des coopératives achètent les participations des minoritaires afin d'être seules maîtres à bord, quitte, ce faisant, à se séparer du management qui avait fait le succès de l'entreprise. Dans une affaire que j'ai pu connaître, les anciens cadres ne sont toujours pas revenus du pont d'or qu'on leur proposa et la coopérative, devenue propriétaire unique et s'étant séparée des dirigeants à l'origine du succès, se trouve en difficulté à cause des pertes de sa filiale. Quel gâchis !

La coopérative, outil génial pour grouper l'offre agricole, véhicule totalement inadapté pour un investissement industriel.

Vico dans la tourmente

Dominique Lemoine assiste à l'assemblée générale de Vico en décembre 1995. Il en rentre surpris et déboussolé. La coopérative a modifié la date de clôture de son bilan, ce qui rend les comptes difficilement lisibles, mais, si on les regarde avec attention, on comprend que seul le commerce de pommes de terre en l'état est profitable. Les usines perdent de l'argent. Et pourtant Vico est en train de construire un atelier de frites fraîches en collaboration avec Agrico, la grande coopérative néerlandaise. Inquiétude.

Le conseil d'administration de Prim'allia est stupéfait. Comment est-il possible que Vico, emblème de la réussite agroalimentaire, soit en déficit alors qu'elle était il y a peu si prospère ? Incompréhension. Difficultés temporaires ?

Tout va dès lors s'enchaîner très vite. Les pertes se révèlent plus lourdes qu'initialement avouées. Les usines sont filialisées et Vico cherche ouvertement à les vendre. Le directeur est licencié. Le président, au bout de quelques mois, démissionne. Éric Béguin relève le gant à un moment où les vocations sont devenues bien rares. Son courage, sa clairvoyance et son opiniâtreté vont permettre à Vico d'éviter le dépôt de bilan.

L'usine de chips et de flocons, ainsi que la marque Vico, qui reste l'une des plus connues de l'agroalimentaire français, intéressent les industriels européens. C'est finalement Intersnack, filiale du troisième groupe sucrier allemand, Pfeifer & Langen, qui s'en porte acquéreur en septembre 1998. Cette compagnie, pourtant investie depuis 1962 dans la fabrication de chips en Allemagne, devra faire face à plusieurs années de déficits du même ordre que ceux de la coopérative, avant de trouver le chemin de la profitabilité. C'est dire combien il est difficile de réorienter une stratégie d'entreprise. Doublée depuis longtemps par Frito-Lay, Altho et Sibell, la part de marché de Vico en France remonte en 2019 aux environs de 15 %. L'atelier de purée est arrêté et l'usine de frites fraîches est reprise par

McCain, qui la fermera en 2007 faute d'avoir réussi à colmater les pertes.

Ces quelques paragraphes ne rendent pas compte de la douleur, du traumatisme et du bouleversement culturel que subissent les adhérents et, plus largement, l'ensemble des agriculteurs du Soissonnais. En quelques années toutes les coopératives de Vic-sur-Aisne sont contraintes de vendre leurs installations industrielles ou sont absorbées. La féculerie de pommes de terre est vendue à la société Roquette en 1989, qui la transforme en 2005 en usine d'extraction des protéines de pois. La sucrerie se voit dans l'obligation de fusionner en 1990 avec le groupe d'Origny-Sainte-Benoite, qui la ferme en 2008. Quant aux coopératives de céréales et d'approvisionnement, elles fusionnent, assez naturellement, avec celles de Soissons et, de fil en aiguille, font partie de Cérèsia, basée à Reims. Il ne reste plus rien du conglomérat hétéroclite de Vic-sur-Aisne. Rien, si ce n'est une réputation tenace. En 1998, un sous-préfet plumitif publie un livre - un récit et non un roman - sur « le monde surpuissant et discret des grandes fermes du Soissonnais » où Vico, rebaptisée Agripomt, est encore l'archétype « des grands groupes industriels de l'agro-alimentaire[26] ».

Il est impossible de cerner les sommes dilapidées dans ces aventures industrielles par les coopératives agricoles françaises en quelques décennies. Pour ce qui est de la seule Vico, les producteurs ont, en deux temps, perdu l'équivalent d'un an de chiffre d'affaires. Une récolte sacrifiée sur l'autel de la descente, de la remontée, ou de la captation de la plus-value !

Il ne sert décidément à rien aux agriculteurs de chercher à se rassurer en investissant collectivement dans des usines. Il convient en revanche de chercher ensemble la meilleure stratégie commerciale.

---

26. Mouren-Lascaux Patrice, *Patate Blues*, L'Oiseau de Minerve, Paris, 1998.

Prim'allia et Vico, entre sociologie et psychologie

Malgré ses déboires, la coopérative Vico ne fait pas faillite. Mieux, Éric Béguin parvient à garder la confiance de la grande majorité des adhérents. Pour l'essentiel, ne veulent partir à cette époque que ceux qui ne disposent pas d'irrigation. Ils ne peuvent garantir ni la quantité ni surtout la qualité et choisissent de cesser la production de pommes de terre de consommation. Restent 4000 hectares probables, dont encore 30 % non irrigués, soit un potentiel de l'ordre de 140 000 tonnes.

Une fois admise la nécessité de se séparer des usines, trois possibilités s'offrent aux dirigeants de Vico : liquider la coopérative et laisser les adhérents devenir des producteurs isolés de pommes de terre, transformer la coopérative en fournisseur des seules usines de Vic, ou entreprendre une véritable démarche commerciale et vendre les pommes de terre à divers transformateurs. Les deux premières reviennent à abandonner toute idée d'autonomie, à se laisser ballotter par le marché ou à donner les clefs de son avenir aux repreneurs des usines. Seule la troisième permet aux adhérents d'être de vrais acteurs sur le marché des pommes de terre destinées à la transformation. C'est le choix déterminé du conseil d'administration, mais il comporte une difficulté : Vico n'a aucune expérience en la matière. Elle ne vendait évidemment pas de pommes de terre à ses concurrents. Pour s'engager dans cette voie, il faut disposer d'un service commercial. Et à nouveau deux possibilités existent : en créer un de toutes pièces ou se rapprocher d'un acteur établi de ce métier.

Les acteurs en question ne sont pas bien nombreux. Deux ou trois négoces, une coopérative essentiellement céréalière, La Santerroise, et Prim'allia.

Prim'allia, une coopérative à laquelle il manque 30 000 tonnes de pommes de terre pour satisfaire la demande de ses clients. Vico, une coopérative qui a des pommes de terre mais pas de client. Moins de 70 kilomètres les séparent. Elles ont même quelques adhérents communs. Les deux conseils sont convaincus qu'il faut regrouper l'offre. Tout semble simple.

Plus d'un an et demi de discussions souvent difficiles se révélera toutefois nécessaire avant de parvenir à un accord.

Une coopérative, ce sont avant tout des êtres humains porteurs de leur origine, de leur histoire, de leur ego, de leur réputation, de leurs *a priori*, de leurs expériences, de leurs habitudes. De leur psychologie et de la sociologie du groupe.

La première rencontre entre les deux conseils est caricaturale et symptomatique. Prim'allia reçoit Vico à Marchais. Sans l'avoir prémédité, les administrateurs de Prim'allia se placent d'un côté de la table et ceux de Vico de l'autre. Côté Vico les cravates sont de règle, côté Prim'allia elles sont inexistantes ! Ce devait être en mai 1998.

Il va falloir du temps pour accorder nos tenues et surtout notre confiance. En août, un premier protocole est rédigé, mais pas signé. Il est prévu que Prim'allia soit éclatée en trois unités distinctes : légumes, pommes de terre et bientôt plant. Vico doit se rapprocher de la partie pommes de terre en créant une union de coopératives spécifique. Objectif affiché : 400 000 tonnes de pommes de terre. On projette une présidence tournante et un échange d'administrateurs.

Tout cela est cependant peu réaliste, bien trop lourd du point de vue de la gestion, et Prim'allia perd la puissance et l'agilité que lui donne son unité. Même si les légumes, les pommes de terre et le plant sont gérés de façons autonomes, les frais généraux sont partagés et certains investissements, comme le laboratoire ou les stockages, peuvent servir à plusieurs branches. Nous sommes prêts à garantir à Vico que les producteurs de pommes de terre ne subventionneront d'aucune manière les légumes ni le plant. C'est déjà notre pratique. Nous sommes déterminés à la rendre encore plus scrupuleuse si le besoin s'en fait sentir, mais pas à lâcher l'unité qui a fait notre succès.

Du côté de Vico, les administrateurs raisonnent en partant d'une page blanche. Ils dessinent une intermédiation idéale, élaborent sur cette base des budgets et les comparent à la réalité de Prim'allia. Horreur ! Nos coûts sont bien trop élevés ! Il faut que Prim'allia s'engage à les diminuer drastiquement. Nous faisons remarquer que l'important n'est pas le coût, mais le prix payé au producteur ou plutôt sa marge par hectare. Que nos coûts sont générés par des services que nos clients rémunèrent et qu'ils sont donc à la base de leur confiance à notre égard. Nous ne parvenons pas à convaincre immédiatement nos partenaires.

De notre côté nous souhaitons aller vite en besogne. Échaudés par des exemples d'unions de coopératives céréalières qui ont additionné les charges sans faire preuve d'efficacité, d'unions dans lesquelles on a passé plus de temps en lutte de pouvoir qu'en travail effectif, nous voulons nous engager irréversiblement vers une fusion. Certes il est impossible de la mener à bien tant que Vico pourra encore subir les séquelles, bonnes ou mauvaises, de la cession de ses usines. Tant que toutes les garanties vendeur ne seront pas levées. Mais nous voulons un engagement ferme. Trop de nos projets de rapprochement ont fait long feu faute d'implication suffisante. Et Vico de trouver suspect notre acharnement.

L'automne et l'hiver se passent en rencontres, en avancées et en reculs. En alternance de confiance et de suspicion. Ça bloque. Et le temps passe.

Succession

Lors de l'assemblée générale de décembre 1998, Frédéric Simphal décide de passer la main. Il a été amené à prendre la présidence de l'association qui gère le collège des jésuites de Reims et il a la sagesse de ne pas vouloir cumuler les fonctions, même s'il restera quelques années au conseil de Prim'allia. Les administrateurs se sentent un peu orphelins mais respectent ce choix, et je suis élu pour lui succéder.

Combien ai-je tremblé au début ! Combien ai-je souffert lors des premières assemblées générales ! Mais ce fut la source d'un épanouissement incomparable dont je reste redevable à tous les adhérents, les administrateurs, les collaborateurs et les divers partenaires de notre coopérative. Je ne parviendrai jamais à leur exprimer toute ma gratitude.

Prim'allia et Vico, seconde partie

Certains clients se rendent rapidement compte de nos difficultés à nous entendre et tentent d'en profiter. On dit à Dominique Lemoine : « *Vous savez, les dirigeants de Vico ont commencé à discuter avec nous et les prix qu'ils proposent sont bien plus intéressants que les vôtres.* » Et à Vico : « *Prim'allia est sur le point de signer un contrat en baissant ses prétentions. Vous n'êtes pas au courant ?* » Un procès-verbal de Prim'allia du 24 février 1999 témoigne de l'inquiétude du conseil d'administration : « *Si nous ne trouvons pas d'accord avec Vico dans un délai de quatre à six mois, nous risquons de devenir concurrents.* » Heureusement le dialogue, même s'il est compliqué, n'est jamais rompu et Vico partage nos appréhensions.

François Stoltz, le directeur de la Fédération départementale des coopératives, s'emploie à rapprocher nos points de vue. Éric Béguin aimerait associer d'autres partenaires au projet pour ne pas se retrouver en tête à tête avec Prim'allia. Une réunion est organisée avec La Santerroise et un négoce de la Somme, PomSom. La Santerroise ne trouve aucun intérêt à une quelconque association et le fait savoir rapidement. PomSom se sent plus concerné, participe à quelques séances de discussions, mais ne donne finalement pas suite, le négoce étant satisfait de son équilibre entre ses fournisseurs et ses clients. Nous y reviendrons.

Restent les deux partenaires qui ont réellement besoin l'un de l'autre : Prim'allia et Covipom[27]. Ce n'est plus Vico. Vico

27. Covipom : Coopérative de valorisation industrielle de pommes de terre.

est une marque commerciale dont nous avons vu la notoriété. Lorsque Vico finalise la vente de son usine de chips et de purée à Intersnack, la marque est elle aussi cédée. De Vico la coopérative passe alors à « Covi » et ajoute « pom » pour souligner la spécialité de la coopérative. Une allusion discrète au roi de la pomme de terre ?

En juillet, des bruits font à nouveau état de démarches commerciales de Covipom auprès de transformateurs. Il nous faut réussir. Nous demandons à un cabinet d'audit de nous aider. Encore quelques péripéties comme un coup de fil d'Éric Béguin en pleine réunion de notre conseil pour m'aviser que celui de Covipom n'entérinait pas des propositions sur lesquelles nous nous étions accordés lui et moi. Difficile à avaler. Enfin une solution émerge. Nous allons constituer une union de coopératives par laquelle transiteront toutes les productions des deux membres. Rien ne sera donc caché. Les coûts directs et indirects des pommes de terre, des légumes et des plants seront très précisément mesurés afin de garantir l'autonomie de gestion des trois activités de Prim'allia. Une quatrième branche sera individualisée, celle des Bintje non irriguées, qui concerne Covipom. En effet l'aléa de productivité ne permet pas de les contractualiser dans les mêmes conditions. En outre, les faibles rendements seraient susceptibles de peser sur l'ensemble des pommes de terre alors même que les producteurs ne subissent pas les charges de l'irrigation.

Une union de coopératives à quatre branches donc, pour laquelle les collaborateurs travailleront de façon indiscriminée. Si les coopératives ne peuvent pas fusionner, les équipes le peuvent et le doivent. Une comptabilité analytique précise permettra d'assurer que chacun s'acquitte bien de son dû. Après tant d'heures de discussions, les administrateurs de Covipom ont parfaitement intégré l'utilité des services mis en place à Prim'allia : agronomie, certification, contrôles, traçabilité. Ils ont compris que le commerce prime, même s'ils demeurent très attachés à la limitation des coûts, ce qui sera possible avec la progression des surfaces. Nous nous rejoignons donc sur les objectifs et les moyens. Nous voulons commercialiser des lots individualisés et rendre des services à des clients pour maximiser et sécuriser la marge des adhérents. Nous amenons, non par dogmatisme mais par pragmatisme et conviction, Covipom à adopter les valeurs et les pratiques de Prim'allia, qui sont le fruit de notre expérience empirique.

Surtout nous nous assurons de ne pas marginaliser les légumes dans la nouvelle organisation. Le dernier point d'achoppement est surmonté en proposant à Éric Béguin la présidence de l'union puisque Dominique Lemoine en prend naturellement la direction. Le siège social est à Marchais, dans la mesure où les principales installations s'y trouvent, avec une annexe à Vic-sur-Aisne.

L'union s'appellera Expandis. Une signature solennelle est organisée à Marchais le 15 novembre 1999 avec la réunion et le vote des deux conseils. Sur 25 votants : 22 « oui », 2 blancs et 1 « non ». Dix-huit mois de discussion pour parvenir à une adhésion très large. Ouf !

Le seul refus, clairement revendiqué, vient de Jean-Michel Peiffer. Agriculteur installé à quelques kilomètres de Vic-sur-Aisne, il argue de cette proximité pour contester l'intérêt que peut avoir Covipom de disposer d'un large portefeuille de clients. Il choisit pour sa part de ne fournir qu'Intersnack. Il parvient à entraîner derrière lui, et avec l'aide d'Intersnack - trop heureux de voir l'unité de la coopérative ébréchée -, trois ou quatre dizaines de voisins et à former avec eux un syndicat maison cultivant quelques centaines d'hectares. Covipom apporte finalement à Expandis 2250 hectares de pommes de terre et huit collaborateurs qui se révéleront vite précieux pour l'organisation dans son ensemble.

Le protocole prévoit que l'union Expandis doit préparer une fusion qui sera effective au plus tard le 30 juin 2003. J'ai constamment insisté pour que ce délai soit le plus court possible. Finalement, cette fusion, qui recueillera un plein assentiment, ne sera effective que le 30 juin 2017, car nous avons vite constaté qu'Expandis possédait une attractivité dont ni Prim'allia ni Covipom ne faisaient preuve individuellement.

Avec Expandis la surface de pommes de terre commercialisées par notre organisation double. Le regroupement de l'offre va prouver son efficacité.

	1996	1997	1998	1999	2000
	Surfaces des légumes en première culture				
Jeunes carottes	941	758	846	706	590
Grosses carottes	185	188	147	191	191
Carottes nantaises	87	88	38	62	46
Salsifis	140	181	139	171	27
Oignons	153	191	144	246	164
Pommes de terre	2472	2452	2063	2354	4518
Plants pdt	0	102	132	132	173
Total légumes racines	**3978**	**3888**	**3509**	**3808**	**5937**
Évolution	**8%**	**2%**	**10%**	**9%**	**56%**
Haricots verts	140	122	217	135	120
Flageolets	0	77	120	15	0
Épinards	189	180	150	153	180

	1996	1997	1998	1999	2000
	Surfaces des légumes en première culture				
Betteraves rouges	21	13	14	8	0
Pois de conserve	0	6	65	86	0
Total légumes verts	**350**	**404**	**631**	**397**	**300**
Évolution	**23%**	**15%**	**56%**	**37%**	**24%**
Total	**4328**	**4292**	**4140**	**4205**	**6237**
Évolution	**5%**	**-1%**	**-4%**	**2%**	**48%**

1999-2011 : LA CONSTRUCTION D'EXPANDIS

Le heures passées en palabres et incompréhensions, les dix-huit mois de dialogue difficile peuvent sembler du temps perdu. Certes, face à l'évidente nécessité de rapprochement entre Prim'allia et Covipom, la décision aurait pu être plus rapide. Elle l'aurait dû. Plus d'une fois nous avons failli échouer. Cependant cette période n'a pas été inutile. Nous avons en réalité pris le temps de soulever toutes les difficultés, toutes les objections. Rien n'est resté dans l'ombre, rien n'a été caché ou éludé, rien n'a été remis à des lendemains incertains. Une franchise totale. Encore quelques mois difficiles, et il n'y eut plus de dissension fondée sur l'appartenance initiale des administrateurs au sein du conseil. Celui-ci a été par la suite le cadre de débats, vifs parfois, mais aucun d'entre eux ne reposait sur une opposition entre Covipom et Prim'allia. Avec du recul, ces dix-huit mois ont été fructueux. Nous les avons consacrés à susciter une forte *affectio societatis* envers Expandis, l'élément le plus indispensable d'une démarche coopérative.

Dès la première campagne, nous estimons la baisse des coûts apportée par Expandis à 75 €/ha[28] intégralement distribués aux adhérents des deux coopératives. L'objectif est dépassé !

La stabilisation des surfaces au cours de cette nouvelle période correspond à une division par deux des oignons et la

28. Valeur 2020.

quasi-disparition des pommes de terre non irriguées compensées par la progression des surfaces de carottes et de salsifis.

Pendant ce temps, d'autres projets ont aussi pris corps.

	1999	2000	2001	2002	2003	2004
	Surfaces des légumes en première culture					
Jeunes carottes	6	90	13	65	0	30
Grosses carottes	91	19	20	25	21	11
Carottes nantaises	2	9	5	7	0	8
Salsifis	17	2	20	53	78	13
Oignons	46	16	41	45	64	59
Pommes de terre	354	518	447	192	304	483
Plants pdt	32	73	11	9	61	75
Total légumes racines	**808**	**937**	**897**	**806**	**934**	**89**
Évolution	**0%**	**6%**	**1%**	**2%**	**0%**	**0%**
Haricots verts	35	20	13	8	9	18
Flageolets	5	0	0	0	0	0
Tomate	0	0	0	0	0	0
Épinards	53	80	60	83	88	0
Betteraves rouges	0	0	0	2	0	5

	1999	2000	2001	2002	2003	2004
	Surfaces des légumes en première culture					
Pois de conserve	6	0	0	0	0	0
Total légumes verts	**97**	**0**	**89**	**63**	**93**	**33**
Évolution	**37**	**24**	**4**	**6**	**1**	**2**
Total	**205**	**237**	**186**	**169**	**227**	**622**
Évolution	**0%**	**8%**	**1%**	**0%**	**0%**	**0%**

	2005	2006	2007	2008	2009	2010	2011
	Surfaces des légumes en première culture						
Jeunes carottes	27	68	68	56	88	29	32
Grosses carottes	5	56	68	62	83	1	30
Carottes nantaises	3	0	0	0	3	2	7
Salsifis	0	36	48	52	73	46	9
Oignons	21	86	0	38	80	85	35
Pommes de terre	153	761	473	258	710	382	327
Plants pdt	60	58	50	76	16	14	9
Total légumes racines	**589**	**365**	**7**	**845**	**393**	**119**	**999**
Évolution	**0%**	**3%**	**6%**	**3%**	**0%**	**4%**	**2%**

	2005	2006	2007	2008	2009	2010	2011
	Surfaces des légumes en première culture						
Haricots verts	9	52	57	97	15	73	79
Flageolets	0	0	0	0	0	0	0
Tomate	0	0	0	0	3	0	7
Épinards	0	0	0	0	0	0	0
Betteraves rouges	0	0	0	0	0	0	0
Pois de conserve	0	0	48	84	76	36	60
Total légumes verts	**29**	**62**	**15**	**81**	**64**	**69**	**6**
Évolution	**20%**	**39%**	**8%**	**0%**	**3%**	**9%**	**0%**
Total	**18**	**627**	**422**	**426**	**957**	**788**	**805**
Évolution	**0%**	**6%**	**3%**	**0%**	**0%**	**2%**	**0%**

L'intégration de la production de plant

La qualité du plant au moment de la plantation constitue un facteur de réussite primordial de la culture des pommes de terre. Le plant français est, année après année, d'une excellente qualité sanitaire. C'est pourquoi il est depuis toujours privilégié à Prim'allia. Hélas, ses conditions de stockage, naguère, n'étaient souvent pas optimales. Conservés à une température trop élevée de quelques degrés, les tubercules germent dans les caisses où ils sont stockés. Le producteur de plant les égerme avant livraison. Son client est pratiquement obligé d'accepter de tels lots, car en variété spécifique, les possibilités de substitution sont souvent inexistantes. Résultat : le potentiel de rendement est amputé, plus ou moins selon les variétés, et il s'avère que la Saturna est particulièrement sensible. Des pertes de 25 % ne sont pas rares. C'est évidemment insupportable. Améliorer les conditions de stockage du plant qui est livré à Prim'allia devient impérieux. C'était l'un des motifs de notre tentative de rapprochement avec ARCO. Après son échec et devant le manque de motivation de nos fournisseurs, en 1996, nous commençons à étudier la possibilité de produire du plant au sein de Prim'allia, non pour baisser le coût d'approvisionnement mais pour améliorer la qualité et ainsi accroître la production de la génération de pommes de terre destinées à la transformation.

Autre bénéfice : ce serait une production nouvelle à proposer aux adhérents.

Très vite, nous apercevons un autre intérêt. Nos clients fabricants de chips ont une obsession : se démarquer de leurs concurrents. Il y va de leur part de marché, donc de leur rentabilité. L'innovation est la clef. Ils jouent sur le packaging, l'aromatisation, l'épaisseur des rondelles de pomme de terre, etc. Ils cherchent aussi de nouvelles variétés, une chair encore plus claire, une sensibilité moindre à la réaction de Maillard, une texture et un goût plus agréables, une conservation plus facile, une productivité plus élevée pour pouvoir baisser le coût de leur approvisionnement. Plus tard une tolérance aux maladies afin de s'afficher plus « verts » que leurs concurrents.

La création de variétés de pommes de terre, avec les seules techniques autorisées en Europe, est longue, hasardeuse et par conséquent coûteuse. Pour chaque critère, tout un jeu de gènes est concerné. Les progrès sont extrêmement lents. Une variété peut ainsi être cultivée pendant plus de cinquante ans alors qu'en céréales ou en colza le renouvellement s'opère en moins de dix ans.

En pommes de terre, il s'écoule une quinzaine d'années entre le croisement réussi et l'adoption de la nouvelle variété pour une production à grande échelle. Combien de variétés, sur lesquelles on avait fondé de grands espoirs, ont dû être abandonnées pour un défaut rédhibitoire décelé au bout de plusieurs campagnes ! Sensibilité à une nouvelle forme de maladie. Maturité inégale des tubercules au sein du même pied. Noircissement ou pigmentation interne selon les conditions climatiques. Combien de déceptions ! Alors la découverte d'une pépite devient un enjeu capital pour les transformateurs.

Tous veulent disposer de variétés exclusives. En étant capables de produire du plant, nous pourrons passer avec eux des contrats de long terme. Multiplier le plant le nombre d'années convenables et livrer les pommes de terre de consommation dans leurs usines sans qu'ils aient à s'en préoccuper. Un nouveau service dans la panoplie de Prim'allia.

Nous visitons des producteurs de plant un peu partout en Europe. Finalement, à l'inverse de la plupart des opérateurs de l'époque, nous choisissons d'installer un centre de tri unique à Marchais, capable de traiter la production de 250 hectares. Même si nous allons ainsi supporter des frais de transport, nous serons assurés d'une qualité constante. Derrière les installations de tri, nous aménageons six cellules réfrigérées de 600 tonnes chacune pour faciliter le travail tout en maintenant les plants à la température idoine. Et, selon notre intime conviction qu'il convient de limiter les investissements collectifs au strict nécessaire, des adhérents construisent des stockages spécifiques pouvant loger la majeure partie de la production de la coopérative.

Notre centre de plant est opérationnel pour la récolte 1998. Un investissement de 2 millions d'euros. Unigrains, le bras financier de l'interprofession céréalière, met à notre disposition un prêt en quasi-fonds propres. Un prêt qui, lorsque nous le remboursons, nous impose de consacrer la même somme au renforcement de nos fonds propres. La structure financière de Prim'allia en sort définitivement consolidée.

L'inauguration du centre de plant est l'occasion de nous faire connaître de façon festive. Karine Jimenez, jusque-là responsable du laboratoire, le prend en main. Première nouveauté, les utilisateurs de plant peuvent venir le chercher ou se faire livrer en vrac. Il est loin le temps où nous devions nous rendre tous en même temps en gare de Saint-Erme pour décharger des wagons remplis de sacs de 50 kilos. La qualité est au rendez-vous. Le métier de producteur de plant est bien plus technique que celui de producteur de pommes de terre de consommation, mais nous l'apprivoisons rapidement. L'achat de plants de super-élite[29] limite les échecs. L'intégration du plant est un succès pour la coopérative. Un élément de plus de son autonomie.

Pour stopper la végétation, nous choisissons de recourir à une machine équipée de brûleurs à gaz là où d'habitude on utilise un défoliant de synthèse. Erreur ! Cette machine, que nous surnommons la Jeanne d'Arc, se révèle peu efficace et nécessite, pour bien fonctionner, des conditions météorologiques trop rarement rencontrées : pas de vent, très peu d'hygrométrie. Une fausse bonne idée et nous revenons aux techniques éprouvées.

Le commerce du plant possède ses spécificités, ses aléas à l'exportation que nous ne maîtrisons pas. Au fur et à mesure, nous nous recentrons sur la fourniture de nos propres besoins avec l'objectif d'en produire de l'ordre de 80 %. Ainsi nous sécurisons les revenus des producteurs de plant et les approvisionnements des producteurs de consommation en quantité comme en qualité.

L'appropriation de variétés par les fabricants de chips a pris beaucoup plus de temps que prévu initialement. Leurs échecs

29. Les plants de super-élite sont ceux qui satisfont aux critères de qualité sanitaire les plus exigeants de la réglementation.

furent nombreux et aucune marque n'a encore véritablement pu se distinguer de cette façon. Pendant ce temps, Prim'allia puis Expandis ont, de leur côté, acheté des variétés. Nous aussi pouvons espérer nous démarquer. Qui gagnera la course ? Notre première variété, Auréa, présente de nombreux avantages même si elle n'est guère stockable. Nous l'avons développée jusqu'à ce que l'un de nos clients espagnols constate que, de temps en temps, des morceaux de stolon - la tige souterraine à l'extrémité de laquelle se développe le tubercule - restent attachés à la pomme de terre, si bien qu'au milieu des chips apparaissent comme de petits morceaux de bois. Rédhibitoire. Notre seconde variété, Oclaire, semble à son tour prometteuse. Elle est productive, de qualité, et supporte la conservation. Il faut maintenant acquérir au moins cinq ans d'expérience dans des conditions diverses pour savoir si c'est elle, la pépite.

Les organisations de producteurs (OP)

La politique agricole commune, dans ses premières versions, s'est peu intéressée aux filières des fruits et légumes. C'était sans compter avec le développement et la concentration extrêmement rapides de la grande distribution. Depuis le milieu des années 1980, le déséquilibre entre offreurs et demandeurs est patent sur les marchés de frais. En juin 1997, face à l'oligopsone, l'Union européenne (UE) décide d'encourager le regroupement de l'offre par l'organisation de syndicats ou de coopératives qui seront labellisés « Organisations de producteurs ». Le secteur du frais est à l'origine de cette demande, mais l'UE décrète que le champ d'action des OP s'étendra aussi aux productions destinées à la transformation. Précisons que les pommes de terre, qui ne sont pas considérées comme des légumes par les règlements européens, sont exclues du mécanisme.

Améliorer la connaissance de la production, l'adapter au marché, diminuer le nombre de vendeurs en imposant l'apport total à la structure, tendre à mettre en œuvre les meilleures techniques vis-à-vis du sol et de l'environnement, tels sont les rôles assignés aux OP, qui doivent être détenues et contrôlées par les producteurs. On dirait que ce programme a été décalqué sur les pratiques de Prim'allia. C'est une forme de reconnaissance implicite de tout ce que nous avons élaboré depuis l'origine.

Cadeau ! À partir de 1999, les OP sont admises à déposer un « programme opérationnel », établi pour trois à cinq ans, qui ouvre droit à des subventions dont le montant peut aller jusqu'à 4,1 % du chiffre d'affaires, à condition que le financement par l'OP couvre au moins la moitié des dépenses concernées. Quelle aubaine ! Aubaine, c'est-à-dire avantage inespéré.

Inespéré, c'est certain. Nous ne nous attendions pas à entrer dans le champ des subventions agricoles. Jusqu'ici, seuls les investissements matériels comme la station de lavage ou le centre de plants avaient été éligibles à des subventions du FEOGA[30], subventions analogues à celles des autres secteurs de l'économie. Voici qu'à présent c'est le fonctionnement même de la coopérative qui peut entrer, au moins en partie, dans le domaine du programme opérationnel.

Avantage, c'est moins sûr. L'effet d'aubaine est immédiatement repéré par les transformateurs. Tous s'organisent pour que leurs fournisseurs parviennent à entrer dans le cadre d'une OP éligible au programme opérationnel. L'interprétation des textes est l'enjeu de débats byzantins, avec à la clef une distorsion de concurrence potentielle considérable. La question centrale consiste à savoir à quel stade du processus industriel s'arrête la subvention. Les coopératives qui transforment elles-mêmes les légumes considèrent naturellement que celle-ci s'applique à l'ensemble des opérations, jusqu'à la livraison des boîtes de conserve aux distributeurs. Les entreprises privées

30. FEOGA : Fonds européen d'orientation et de garantie agricole.

veulent, au contraire, que seuls les légumes bruts soient concernés. Si d'aventure les pouvoirs publics ne les suivaient pas sur ce point, certaines, pas des moindres, vont jusqu'à se préparer à vendre leurs usines aux OP et à continuer de les utiliser en location-gérance ! La créativité juridique est sans limites. Tous les réseaux s'activent. Finalement, la subvention s'arrêtera aux légumes en l'état. Dans le cas contraire, le budget européen aurait explosé.

Tous les producteurs, sans exception, réussissent à intégrer des OP, même s'il a fallu pour cela leur apprendre à respecter un semblant de discipline : l'apport total à l'OP par légume. L'effet des OP est donc nul sur la structuration des filières.

Vingt ans plus tard, le paysage de l'organisation des producteurs de légumes destinés à la transformation n'a pas évolué. En tout cas pas à l'initiative des OP. En 2020, il en existe encore dix-huit en France pour seulement huit groupes industriels pratiquant l'appertisation ou la surgélation. Pas besoin d'analyse de marché complexe et coûteuse. Si les offreurs sont deux fois plus nombreux que les demandeurs, il est facile d'en déduire qui a la main sur le marché. Et si les grands transformateurs possèdent des usines dans plusieurs pays d'Europe, les OP, quand bien même elles exportent, restent toutes campées dans un seul pays.

Dans les coopératives qui transforment elles-mêmes les légumes - option qui n'est explicitement pas celle de Prim'allia -, il est compréhensible que l'OP regroupe les adhérents et seulement les adhérents. Trouver une OP par coopérative est donc cohérent. Mais dans les entreprises privées, rien n'y oblige, et pourtant la situation est pire ! Le « syndicat maison » s'est transformé en OP. Même si une réforme européenne, toujours pour renforcer le poids des producteurs, a fini par imposer que les OP deviennent de véritables intermédiaires commerciaux entre les agriculteurs et les industriels, avec un réel transfert de propriété à leur profit, elles n'ont toujours qu'un seul client. Plus grave, les rares tentatives d'élargissement de la clientèle que certaines ont voulu mener ont consisté à concurrencer des OP déjà en place en proposant des baisses de prix, jamais à envisager des regroupements forts à l'initiative des producteurs. En réalité, les OP sont avant tout attachées à ce que leur unique client soit suffisamment prospère pour qu'il puisse continuer de les rémunérer, quitte pour cela à baisser le prix des légumes ! Elles doivent même quelquefois batailler pour conserver leur part de marché face à d'autres OP maison. Au lieu de participer aux restructurations successives, de les anticiper, voire de les provoquer, les OP n'ont pu que subir les évolutions qui s'organisaient sans elles. Les producteurs demeurent ainsi la variable d'ajustement des filières.

Je ne peux m'empêcher de penser que ces OP maison sont *in fine* le meilleur investissement des transformateurs.

La situation des groupements de producteurs sur les marchés des pommes de terre est analogue. Certains de leurs responsables vont même jusqu'à parler d'un lien affectif avec l'usine qui achète leur production[31] !

Si elles n'ont pas permis de mieux structurer nos métiers, les OP, comme les syndicats maison[32], ont, sur d'autres plans, une réelle utilité. Elles constituent des enceintes qui permettent aux transformateurs de trouver des interlocuteurs émanant des producteurs. On y met au point les modalités de paiement et les éventuels mécanismes d'indemnisation, souvent nécessaires pour des cultures fragiles et récoltées immatures.

Les instances nationales qui les chapeautent, Cénaldi pour les légumes et UNPT[33] pour les pommes de terre, assurent l'in-

---

31. http://www.vico.fr/a-propos-de-vico/portrait/portrait-2.

32. Ces syndicats maison avaient une véritable raison d'être à l'époque où il existait des contrats nationaux. Ils l'ont perdue le jour où le droit de la concurrence a été étendu à l'agriculture. Plus de contrat national, plus d'entente sur les prix et donc plus de véritable négociation possible. Reste seulement l'illusion de négocier un contrat, contrat qui est, par construction, forcément léonin.

33. Cénaldi : Association d'organisations de producteurs de légumes de plein champ à destination industrielle. UNPT : Union nationale des producteurs de pommes de terre.

dispensable représentation auprès des pouvoirs publics. Elles soutiennent les producteurs et leurs organisations dans l'adaptation aux réglementations et parviennent même quelquefois à infléchir ces réglementations. Les fameux lobbies sont ici, mais bien moins puissants qu'on le prétend dans les médias grand public. Par ailleurs, le Cénaldi apporte une aide juridique importante lors de l'élaboration des programmes opérationnels. Cénaldi et UNPT sont des lieux d'échanges amicaux et conviviaux. L'occasion pour les représentants des producteurs de venir à Paris recueillir des informations, notamment sur les statistiques de production, sans trop partager les leurs. Ils n'ont jamais été, jusqu'ici, à l'initiative d'une reconfiguration de l'offre.

Quant aux interprofessions, outre leurs rôles bien réels dans la collecte de statistiques et la recherche-développement par l'intermédiaire des instituts, elles permettent surtout aux industriels et aux agriculteurs de se lamenter ensemble sur les turpitudes de la grande distribution.

Je me souviens pourtant d'une session de formation organisée par l'UNPT à laquelle j'ai participé. L'intervenant était un ancien acheteur de pommes de terre de McCain. Le thème : « Comment négocier avec ses clients ? » La journée se passe à tenter d'identifier les rares marges de manœuvre d'un syndicat face à son client : représentativité de l'organisation, connaissance du marché, offre qualitative, gestion des refus, etc. Des éléments disparates, mais rien qui puisse ouvrir un réel espace de négociations ni proposer au client un service innovant. Et puis : « *Oh ! Il y avait aussi un groupe qui s'appelait Prim'allia. Leur démarche était originale parce qu'ils vendaient leurs pommes de terre à plusieurs transformateurs. Ils pouvaient avoir une vraie stratégie commerciale. Heureusement qu'ils étaient les seuls à pratiquer de cette manière, car sinon les industriels auraient dû véritablement composer avec les producteurs.* » Et c'en est resté là. C'était il y a une vingtaine d'années. L'intervenant précisait que ce qu'il manquait à une organisation comme Prim'allia pour être pleinement efficace, c'étaient des parts de marché suffisamment importantes. Il avait entièrement raison.

C'est un handicap facile à surmonter, il ne dépend que de la volonté des producteurs.

Pourtant, vingt ans plus tard, la profession n'a guère avancé. Pourtant, situés à une extrémité des filières, les producteurs devraient tirer profit de leur position, potentiellement de force, pour être des acteurs décisifs. Individualisme ! J'ai bien souvent été surpris de constater combien les dirigeants élus des OP ou des syndicats agricoles maison tenaient d'excellents discours théoriques, prônant le regroupement de l'offre, sans pour autant agir concrètement en ce sens, voire, étant les premiers informés grâce à leurs fonctions, à profiter personnellement d'opportunités singulières[34].

Une curiosité ironique : plusieurs responsables d'OP ou d'organismes nationaux sont d'anciens adhérents de Prim'allia ou de Covipom. Ils ont quitté notre organisation après avoir échoué - c'est normal - à négocier avec leur coopérative l'indemnisation de pertes personnelles. Ils n'ont pas accepté la discipline commune ni la règle de l'apport total en tentant de faire passer leur intérêt personnel avant l'équité entre adhérents. Néanmoins ils avaient compris tout l'intérêt des services proposés par notre organisation. Ils ont à plusieurs reprises essayé de les copier. Sans succès, car ces services font partie d'un ensemble qui n'est duplicable qu'à la condition de l'adopter en totalité, rigueur et éthique comprises.

Les subventions accordées aux programmes opérationnels ont permis de moderniser les matériels de récolte et de nettoyage des légumes. Il est indispensable pour chaque OP d'y avoir accès sous peine de subir une distorsion de concurrence

34. Je parle ici exclusivement des syndicats maison inféodés à un unique transformateur et non de l'indispensable défense des intérêts agricoles globaux que porte la Fédération nationale des syndicats d'exploitants agricoles (FNSEA) et ses différentes branches, FNSEA à laquelle j'ai adhéré tout au long de ma carrière.

insupportable. De notre côté, nous nous astreignons donc à remplir un dossier compliqué qui nous rapporte, bon an mal an, 200 000 euros. Aubaine ! J'ai la conviction que sans ces subventions, la modernisation aurait été menée quasiment à la même vitesse. Sans y consacrer de deniers publics. Les subventions, sauf si elles sont destinées à faire face à des circonstances exceptionnelles ou à surmonter des handicaps structurels, notamment réglementaires en Europe, sont des drogues qui abrutissent ceux qui les reçoivent en les soumettant au bon vouloir de pouvoirs publics versatiles et finissent par pétrifier des situations obsolètes.

Le 30 octobre 1997, Prim'allia fait partie de la première liste d'OP reconnues en France. Vingt-deux ans plus tard, en 2019, toutes filières de fruits et légumes confondues, cette liste comporte 260 noms. Pendant ce temps, quatre centrales d'achat traitent plus de 70 % du marché alimentaire de notre pays[35]...

La qualité dévoyée

Quelques semaines après mon élection à la présidence de Prim'allia, je passe à la DDAF[36] pour une affaire personnelle. Le directeur vient à traverser le couloir : *« Ah ! Monsieur Klein ! Vous tombez bien. Il faut que je vous rencontre avec Monsieur Lemoine. Ça ne va pas du tout ! Votre directeur n'a pas pris la mesure du dossier du programme opérationnel. Des erreurs grossières. Vous savez, d'autres OP dans l'Aisne ont embauché quelqu'un spécialement pour s'en occuper. À temps plein. Vous devriez sûrement faire pareil. Rendez-vous la*

35. https://www.processalimentaire.com/flash-iaa/hyper-concentration-vers-une-grande-distribution-a-trois-centrales-d-achats-33925?sso=1571748383.
36. DDAF : direction départementale de l'Agriculture et de la Forêt. La DDAF est la représentation départementale du ministère de l'Agriculture. Depuis les DDAF ont fusionné avec les directions départementales de l'Équipement (DDE) pour constituer les directions départementales des Territoires (DDT).

semaine prochaine ici même. » Je me précipite à Marchais et interroge Dominique Lemoine. Il ne comprend pas de quoi il s'agit. Certes le dossier est délicat, inhabituellement minutieux et détaillé - tatillon -, certes il a dû lui consacrer du temps, mais il pense l'avoir correctement rempli. En tout état de cause, il serait extravagant de payer quelqu'un uniquement pour percevoir une subvention. Ubu et Kafka s'esbaudiraient, mais les adhérents ne bénéficieraient plus de cette manne ainsi gaspillée alors que Prim'allia est exactement au cœur du projet européen. Incompréhension totale.

La semaine suivante nous sommes dans le bureau du directeur. Nous l'écoutons, ahuris : « *La forme de votre dossier n'est absolument pas convenable. Vous vous rendez compte ! Les pages ne sont pas numérotées. On s'y perd complètement. De plus, il vous était demandé de l'imprimer sur un papier bleu. Le vôtre est blanc. C'est inacceptable. Vous savez, j'étais auparavant au ministère, en "centrale", à Paris, et c'est moi qui ai mis en place la certification qualité. Je sais que votre coopérative vient d'être certifiée. Vous devriez d'autant mieux comprendre et respecter ce qu'on vous demande !* » Ainsi donc le directeur nous a convoqués uniquement pour nous reprocher des détails de la sorte. Ainsi, dans la bouche d'un fonctionnaire de direction, la certification qualité se métamorphose-t-elle en un ensemble de codifications péremptoires telles qu'on n'oserait plus les imposer à aucun élève de primaire. Ainsi, il semble plus important, pour accéder au programme opérationnel, d'utiliser la bonne couleur de papier que de travailler depuis des lustres au regroupement de l'offre. Nous sommes ébahis.

Cette triste rencontre date de 1999, fin de la période au cours de laquelle la fonction publique a changé de rôle dans le paysage de notre pays. Jusque-là, elle se tenait aux côtés des administrés avec une réelle bienveillance. Nous avons vu l'implication déterminante de la DDA lors de la construction de la station de lavage. Une telle attitude est devenue impensable. Son personnel est dorénavant au service quasi exclusif des codes, des normes et des règlements. La lettre de la loi plutôt que son esprit. Les textes plutôt que les administrés !

Ce retournement a des origines multiples. La condamnation à une peine d'emprisonnement avec sursis, fin 1995, du chef de cabinet de la préfecture de Bastia après la catastrophe du stade Furiani en est une. Les fonctionnaires se découvrent pénalement responsables pour de vrai. Réflexe : ouvrir son parapluie. La loi Barnier de février 1995, qui introduit pour la première fois dans le droit français le principe de précaution[37], en est une autre.

La mauvaise digestion des notions de qualité et de certification, dans cet environnement « intellectuel », devient une calamité. Que de fonctionnaires, trop facilement épinglés par leurs supérieurs, ont ainsi trouvé un rempart protecteur, au détriment de la créativité ! Tous les secteurs d'activité en sont dorénavant malades. Toute entreprise peut raconter une histoire de cette sorte.

Quelques individus, trop rares, font encore exception et osent résister à leur hiérarchie, mais c'est à leurs risques et périls. Nous en croiserons heureusement par la suite, notamment pendant la crise du *chitwoodi*.

Soutenir Avril

La crainte de la fermeture d'une usine cliente est toujours tétanisante. Un appel irrésistible à investir pour montrer qu'on fera mieux que les professionnels qui ont échoué. Nos expériences, pourtant invariablement mauvaises, ne nous ont pas encore suffi.

37. Code de l'environnement, art. L. 110-1 : « [L]'absence de certitudes, compte tenu des connaissances scientifiques et techniques du moment, ne doit pas retarder l'adoption de mesures effectives et proportionnées visant à prévenir un risque de dommages graves et irréversibles à l'environnement, à un coût économiquement acceptable (...) »

Depuis 1983 Prim'allia adhère à la coopérative de Vaulx-Vraucourt qui a pris un peu plus tard le nom d'Avril[38]. Un groupe d'usines d'appertisation, spécialisé dans les marques de distributeurs et les premiers prix, devenu en 1997 le troisième opérateur français. Avril fait partie de notre portefeuille de clients en petites carottes principalement.

Comme tout fournisseur de coopérative, nous avons dû souscrire des parts de capital social : 3,15 €/t[39]. Montant initial raisonnable. En 1994, l'industrie de la conserve se concentre et Avril s'agrandit en absorbant un de nos clients. Il nous faut augmenter notre participation sur les mêmes bases. Rien de surprenant. On reste, pour Prim'allia, dans une logique de répartition des risques et pour Avril dans le renforcement des fonds propres. Nous ne sommes pas industriels nous-mêmes, seulement apporteurs de capitaux dans un cadre équilibré. Personne n'y trouve à redire, surtout pas nos autres clients.

La concentration à laquelle a participé Avril est imputable à un effritement de la consommation de légumes en conserve. Les fermetures d'usines s'enchaînent, mais la surproduction demeure. À cette époque, on pouvait réclamer publiquement une entente entre industriels sans s'exposer aux foudres des pouvoirs publics. C'est ce que fait Daniel Bracquart, le président du directoire de Bonduelle[40], en vain. Selon le processus naturel, les prix baissent. De 1995 à 1997, ils perdent 15 % en moyenne. Moins de volume et moins de valeur unitaire. Les pertes d'Avril atteignent presque 10 % de son chiffre d'affaires. Il faut restructurer le capital. Un montage avec le groupe Cirio, leader des légumes en Italie, est élaboré, mais il suppose que les adhérents renflouent les fonds propres.

38. Rien à voir avec le groupe Avril issu de Sofiprotéol.

39. Valeur 2020.

40. https://www.usinenouvelle.com/article/agroalimentaireles-conserveurs-de-legumes-face-a-la-baisse-du-marchela-chute-des-prix-de-l-appertise-pousse-bonduelle-a-accentuer-sa-diversification-dans-le-surgele-et-le-frais-tandis-qu-avril.N83323.

Que devons-nous faire ? La discussion à Prim'allia est vive, longue et animée. À la fin, l'argument habituel et mortifère l'emporte : nous ne devons pas perdre de part de marché. Plus important encore, Avril nous achète des carottes lavées. Que devient la station si nous ne lui livrons plus ? Ainsi, même notre simple station de lavage peut se transformer en un - modeste - piège industriel susceptible de se retourner contre la valorisation des apports des adhérents ! Si nous ne participons pas à l'augmentation de capital, si Avril s'en sort sans nous, elle voudra acheter ses jeunes carottes à d'autres fournisseurs. Nous décidons donc de participer au sauvetage : 150 000 euros[41]. Tout attentifs à nos légumes, nous oublions de considérer le marché des conserves. La restructuration du capital d'Avril ne donnera à personne l'idée de consommer plus de légumes appertisés. Si tous les acteurs souffrent, Avril, par son positionnement commercial, est celui qui perd le plus d'argent. Ce genre de handicap ne se surmonte pas facilement. Une fois les nouvelles munitions dépensées pour combler de nouvelles pertes, le problème se posera à nouveau dans les mêmes termes. Mais, comme tous les agriculteurs, nous sommes obnubilés par le débouché immédiat de nos productions. Nous souscrivons.

Il ne reste plus que trois conserveurs importants en France : Bonduelle, d'Aucy et Avril. Cette fois les deux premiers sont furieux. Ils s'attendaient à une déconfiture d'Avril suivie d'une reconfiguration du marché. Le soutien accordé par ses fournisseurs à Avril la retarde inutilement. La profession va souffrir encore deux ans. Le projet avec Cirio s'effondre alors. L'usine de Vaulx-Vraucourt est reprise par Bonduelle et, avec elle, des stocks qu'il faut écouler. Bonduelle doit baisser ses fabrications et fait reposer la diminution de ses achats de petites carottes principalement sur Prim'allia. Nous prenons cette décision pour une punition méritée.

41. Valeur 2020.

Nous avons dans cette affaire dilapidé le capital social, perdu des volumes et irrité un de nos grands clients. Plus besoin, je l'espère, d'autre leçon.

Avec la disparition d'Avril, la restructuration de l'appertisé français s'achève, pour deux décennies au moins. Souvenons-nous : l'APLCEA avait instauré l'excellente règle selon laquelle aucun client ne devait dépasser 25 % du chiffre d'affaires. C'était en 1980. Il existait alors quantité de conserveurs. Vingt ans plus tard, ils ne sont plus que deux majeurs : Bonduelle, maîtresse du Bassin parisien, et d'Aucy, hégémonique en Bretagne, qui se partagent le Sud-Ouest.

La situation française en 2020 est la suivante : quatre grandes centrales d'achat, huit conserveurs ou surgélateurs, dix-huit organisations de producteurs. La grande distribution s'est concentrée. L'industrie a suivi dans la douleur. Seule l'agriculture reste dispersée. Est-elle trop riche ? Il n'y avait en tout état de cause aucune fatalité à ce scénario. Et il n'en existe toujours pas. « Là où il y a une volonté, il y a un chemin[42]. » Quand aurons-nous enfin des dirigeants d'OP suffisamment courageux pour faire taire les vieilles rancœurs, museler les ego, et fusionner leurs organisations ?

Le fonctionnement du conseil

La succession de Frédéric Simphal à la tête du conseil d'administration offre l'occasion d'en perfectionner le fonctionnement. Jusque-là, nous étions encore tout proches du temps des fondateurs. À l'origine, tous les administrateurs se connaissaient bien en dehors de la coopérative. Quinze ans plus tard, ce n'est plus le cas. Les méthodes précédentes ont montré leur efficience, mais, précisément pour garder cette

42. Probable proverbe anglais repris par Lénine, Churchill, Einstein et bien d'autres...

efficience, il est temps de les adapter à la période qui s'ouvre. C'est le moment de prendre de nouvelles bonnes habitudes.

Les administrateurs doivent tout savoir de leur coopérative pour être capables d'en élaborer la stratégie sans jamais s'ingérer dans le travail des collaborateurs, qui sont sous l'autorité et la responsabilité exclusives du directeur. Originalité en droit français, le mandataire social d'une coopérative n'est pas une personne physique, c'est le conseil d'administration dans son ensemble. L'implication totale des administrateurs est ainsi prévue par les textes. Encore faut-il l'organiser.

Dorénavant les administrateurs, particulièrement les membres du bureau, suivront des sujets précis en collaboration étroite avec les salariés concernés, sans jamais décider, ce qui est du ressort exclusif du conseil. Le chemin est étroit mais fructueux. Ainsi sont travaillés l'établissement de relevés de comptes clairs et lisibles, le ginseng, le rapprochement avec Covipom, etc. L'activité du conseil est planifiée pour l'année.

Un peu plus tard, reprenant une pratique développée à Cohesis[43], un entretien approfondi sera institutionnalisé avec les administrateurs renouvelables lors de l'assemblée générale annuelle. Occasion de s'assurer qu'ils disposent de tous les moyens nécessaires à leurs fonctions. Formation et information se trouvent au cœur de la discussion.

Si les administrateurs doivent tout connaître, il n'est pas opportun de tout diffuser. Afin que les débats soient parfaitement libres à l'intérieur du conseil, les administrateurs signent un document de confidentialité selon lequel ils s'engagent à ne pas dévoiler les teneurs des discussions internes. Au contraire, ils s'obligent à être à l'extérieur les ambassadeurs résolus des décisions de la coopérative. En outre, dès que leur cas personnel est abordé, il est convenu qu'ils sortent de la réunion.

---

43. Coopérative de céréales et d'approvisionnement basée à Reims dorénavant fusionnée dans Cérèsia.

Les conseils sont naturellement préparés attentivement entre le directeur et le président. Le bureau est souvent associé, mais nous sommes soucieux de ne pas tout prédécider, de ne pas réduire le conseil à une simple chambre d'enregistrement. À chaque réunion, des questions sont volontairement laissées en suspens et font l'objet d'un tour de table ouvert et approfondi. Plus d'une fois, le résultat me surprendra, mais peu importe, c'est bien le conseil qui est souverain.

Ces quelques méthodes de simple bon sens sont primordiales. Chaque année, la réunion du conseil qui suit l'assemblée générale, au cours de laquelle on accueille les nouveaux administrateurs et les stagiaires, sera l'occasion d'un rappel qui, pour paraître fastidieux, n'en est pas moins indispensable tant la propension est forte de s'abstraire de règles au premier abord bien trop formelles. L'expérience montre que si on les méconnaît, c'est au détriment de la saine gestion.

La difficulté principale viendra de l'articulation entre le conseil d'Expandis et ceux de Covipom ou Prim'allia. Beaucoup de décisions relevant d'Expandis, les administrateurs des coopératives de base expriment leur frustration. Ils n'ont plus à se prononcer que sur des sujets qui concernent les relations entre la coopérative et ses adhérents. Tout ce qui se rapporte au commerce leur échappe. Pour pallier cette difficulté, nous convenons que le président de l'une des coopératives sera systématiquement invité au conseil de l'autre, nous organisons des séminaires réunissant les administrateurs des deux coopératives et nous commençons par tenir quelques conseils en commun, notamment ceux clôturant les comptes annuels.

La relation entre Éric Béguin et moi, facile, ouverte, sincère et loyale, a grandement facilité les évolutions. Jamais Éric ne m'a fait sentir le poids de sa présidence et je lui en suis extrêmement reconnaissant. Avec nos tempéraments si différents - lui pondéré et circonspect, moi primesautier et extraverti -, nous avons formé un binôme sans nuages pendant près de vingt ans.

Fin de partie

En 2002, Vico « nouvelle formule » tente de lancer une nouvelle gamme de purées sans additif. Échec. En 2003, elle perd toujours beaucoup d'argent et essaie de mobiliser autour d'elle en mettant dans la balance l'éventualité de sa fermeture. Les pouvoirs publics réagissent à leur façon : ils organisent des rencontres en demandant aux différents partenaires de Vico, fournisseurs et clients, de prendre une part du fardeau, eux-mêmes ne pouvant, évidemment, rien apporter.

Expandis fournit encore le quart des pommes de terre de Vico, mais nous refusons de nous engager. Cette fois, la leçon d'Avril a porté. Nous avons bien compris que nous devions avoir un comportement cohérent pour garder la confiance de tous nos clients.

Ce sont finalement les actionnaires de Vico qui viendront à son secours. L'atelier de purée fermera en 2005 et Vico choisira de privilégier le syndicat maison pour son approvisionnement. L'usine est proche du bassin de production si bien que notre intermédiation est moins indispensable. Et si des producteurs préfèrent dépendre entièrement du bon vouloir d'un seul client au détriment de leur sécurité, qu'y pouvons-nous ?

En août 2003, Flodor est à la une de tous les journaux. L'usine, rachetée par les Italiens d'Unichips, perd des parts de marché en France. Les propriétaires décident de la déménager en catimini en Italie, où la marque San Carlo est en plein développement. Les ouvriers de Péronne bloquent l'opération[44]. Un an plus tard : cessation de paiement, puis redressement judiciaire suivi d'une liquidation en février 2005. Tristesse pour l'industrie française.

Même pour des produits dont les volumes sont pratiquement stables, les parts de marché des différents fabricants

---

44. Sous les yeux du fils d'un cadre dirigeant de Bonduelle, le futur journaliste et député François Ruffin.

sont extrêmement disputées, variables, voire volatiles. Notre premier et longtemps principal client fabricant de chips[45] disparaît et pourtant nous maintenons nos volumes. Grâce, encore une fois, à notre portefeuille de clients. On pourrait multiplier les exemples. Quand Bonduelle ferme son usine de Russy-Bémont, c'est pour Expandis 4000 tonnes de jeunes carottes en moins. Plus de 120 hectares. En deux ans nous retrouvons volume et chiffre d'affaires en Belgique et aux Pays-Bas. Nous n'avons pas à être partie prenante des stratégies commerciales de nos clients. Nous devons leur fournir ce dont ils ont besoin. C'est suffisamment compliqué pour nous occuper pleinement.

Il faut noter l'extrême correction de Bonduelle à notre égard lors de cet épisode. Les 4000 tonnes, lavées, constituaient une part importante de l'activité de notre station de lavage. Bonduelle a su nous accompagner dans cette passe difficile.

Un négoce chez Expandis

La Somme fait partie des départements grands producteurs de légumes et de pommes de terre. Pas aussi spéculateurs que leurs voisins du Nord et du Pas-de-Calais, les producteurs ont plusieurs fois tenté de s'organiser. Sans succès. Face aux difficultés du secteur, la coopérative céréalière d'Amiens, Agro-Picardie, intervient et développe une filiale dédiée aux pommes de terre destinées à la transformation, un négoce du nom de PomSom.

Le principal client de PomSom est néerlandais. En quelques années, il augmente considérablement ses achats, jusqu'à atteindre près de 500 hectares de pommes de terre. En 2001, il dénonce brutalement le contrat qui le lie à PomSom. Il connaît l'adresse des producteurs, les apprécie, et, jugeant avoir acquis

45. Flodor achetait 65 % de nos pommes de terre en 1987 et seulement 8 % en 2001.

une masse critique qui lui permet de ne plus avoir besoin d'intermédiaire, installe une représentation en France et se met à travailler directement avec les producteurs. Près des trois quarts de l'activité de PomSom se dérobent subitement.

Depuis longtemps nous cherchons à nous implanter dans la Somme, mais notre pratique coopérative rend les producteurs méfiants. Trop de mauvais souvenirs pour eux. S'ils produisent à présent des pommes de terre pour la transformation, c'est précisément pour disposer d'un contrat avant la plantation, connaître le prix et les conditions de vente avant de s'engager. Après de mauvaises expériences, ils trouvent la détermination du prix en fin de campagne trop aléatoire alors que ce procédé est inéluctable pour une coopérative qui, comme nous, pratique la vente groupée. En 2001, nos clients nous demandent, comme souvent, plus de pommes de terre que nous ne sommes capables d'en produire. Nous connaissons évidemment bien PomSom. C'est un négoce sérieux même s'il a fait preuve d'imprudence commerciale avec son portefeuille de clients déséquilibré. Il est soutenu par une coopérative solide. Nous lui proposons volontiers un contrat portant sur la fourniture de 600 hectares de pommes de terre. Plus de 20 000 tonnes. Grâce à ce contrat, PomSom peut poursuivre son activité. Agro-Picardie nous en sait gré.

Dans la Somme toujours, à Montdidier, la coopérative Parmentier est, elle, spécialisée dans les pommes de terre du marché de frais. Métier extrêmement ingrat où l'intermédiaire est souvent pris à contre-pied. S'il ne contractualise pas avec ses producteurs, les marges qu'il peut espérer sont minimes. S'il contractualise, il risque de vendre à perte lorsque le marché baisse puisque les distributeurs refusent de s'engager longtemps à l'avance sur un prix. Ce n'est que si le marché est cher qu'il peut envisager un vrai bénéfice. Encore faut-il qu'il recouvre les volumes, car les producteurs seront tentés de vendre ailleurs[46].

46. La spécificité des variétés destinées à la transformation isole en grande partie

Les restructurations se succèdent. Agro-Picardie ne peut s'en désintéresser et finit par absorber Parmentier en 2002. Le négoce de celle-ci, Pom'Picardie, regroupe toutes les activités pommes de terre de la coopérative en fusionnant avec PomSom.

À partir de la récolte 2004, Expandis achète la quasi-totalité des pommes de terre pour l'industrie de Pom'Picardie et un représentant de celle-ci est invité aux conseils d'Expandis. Nous construisons la confiance.

En 2005, Pom'Picardie connaît à nouveau de graves difficultés sur le frais. Les prix sont si bas que la vente des pommes de terre ne couvre même plus le coût du conditionnement. Le responsable de l'activité industrie profite de ces circonstances pour démissionner et s'en aller diriger une société qui s'inscrit en concurrence frontale avec nous. Agro-Picardie, devenue Noriap, souhaite un rapprochement étroit et rapide de Pom'Picardie avec Expandis et en appelle à l'expertise de Dominique Lemoine pour relancer le frais.

Le diagnostic est rapidement établi. Les installations de conditionnement sont vétustes, inadaptées pour répondre à la demande de segmentation de la grande distribution, qui peut compter sur des fournisseurs flexibles et réactifs dans d'autres régions. Si Pom'Picardie veut persévérer, elle doit trouver un client qui cherche des volumes importants sous un seul conditionnement. Typiquement le positionnement d'un *hard-discounter*. L'un d'eux se montre intéressé, mais refuse de travailler avec des prix connus lors de la plantation. Toujours cette impossibilité de passer de réels contrats dans le frais. Aucune solution. Les installations doivent être fermées. Le frais est externalisé dans une petite entreprise de négoce de pommes de terre en *big bags* qui vivotera quelques années et finira par disparaître.

---

ce marché, si bien que de tels risques y sont bien moindres.

Le marché de frais, dans la Somme comme ailleurs, va s'orienter différemment. Les grands intervenants ne parviennent pas à structurer la profession. Au contraire, de nombreux agriculteurs groupent quelques voisins et construisent des centres de conditionnements. Il existe aujourd'hui près d'une centaine d'intervenants dans le négoce des pommes de terre de frais pour les quatre sempiternelles centrales d'achat...

Pom'Picardie est dissoute pour renaître de ses cendres sous les traits de Pom'Pic en 2007. La nouvelle société appartient à 49 % à Noriap, 25,5 % à Covipom et 25,5 % à Prim'allia, et elle adhère à Expandis. Schéma totalement nouveau pour nous. Jusqu'ici Pom'Picardie était un tiers non associé. Nous lui achetions des pommes de terre par contrat. Ses résultats financiers ne nous concernaient pas. Maintenant au contraire, nous devons gérer une entreprise qui doit réaliser des bénéfices pour rémunérer ses actionnaires. Il lui faut donc proposer à des agriculteurs non coopérateurs des contrats qui les contentent. Comment y parvenir sans léser les coopératives ? Comment être certain qu'aucun système de vases communicants ne va desservir les coopérateurs au profit des producteurs de Pom'Pic ? La solution trouvée est simple. Expandis achète les pommes de terre exactement dans les mêmes conditions à Covipom, Prim'allia et Pom'Pic. Dans les deux premières - les coopératives -, les prix payés aux producteurs sont connus *a posteriori*, alors que chez Pom'Pic ils sont fixés lors de la signature du contrat, avant la plantation. Avec le recul de quelques années, on constate que les prix payés aux adhérents des coopératives sont un peu plus élevés qu'à Pom'Pic alors même que celle-ci verse régulièrement des dividendes modestes mais réels. Objectif atteint.

Rappelons qu'en contrepartie de la fixation du prix dix-huit mois plus tôt dans un négoce, les producteurs s'engagent à fournir une quantité déterminée de pommes de terre. Ils ne bénéficient pas de la « transmutation » des hectares en tonnes à laquelle procèdent les coopératives. Les années de faible rendement, s'ils ne peuvent couvrir leurs engagements par leur production, ils doivent en assumer les conséquences financières, qui peuvent se révéler extrêmement lourdes. Même si des aménagements sont possibles, tous les négoces appliquent cette règle. Ne pas le faire signifierait une faillite immédiate. La sécurité apportée par l'adhésion à une coopérative est bien réelle.

Avec l'arrivée de Pom'Pic, Expandis, la centrale de vente, accroît ses volumes, ce qui lui permet de baisser ses coûts d'intermédiation au profit de tous les producteurs, coopérateurs ou pas. Tous y gagnent. La rigueur de gestion de Pom'Pic et la qualité des contrats proposés permettent une progression importante des surfaces de notre groupe dans la Somme.

À nous maintenant de convaincre les fournisseurs de Pom'Pic qu'ils ont intérêt à devenir coopérateurs.

API, une coopérative en Gironde

Depuis 1996, des producteurs de la région de Bordeaux nous fournissent des pommes de terre pour réaliser la soudure entre deux campagnes. Cette complémentarité renforce notre crédibilité commerciale et nous permet d'ajuster nos productions en fonction des rendements.

Notre interlocuteur est la société Déméter, qui appartient à Emmanuel Befve, agriculteur à Cestas. Il a regroupé autour de lui des voisins et commercialise des légumes et des pommes de terre. Après quelques années de relations propices, ces producteurs éprouvent le besoin de structurer plus solidement leur activité. Ils ressentent la nécessité de disposer des services qu'Expandis a développés : portefeuille commercial diversifié, service agronomique de pointe, volumes d'achats importants notamment pour les plants, laboratoire, système de traçabilité, facturation et comptabilité bien rodées, assurance-crédit, etc.

Un premier échange de vues a lieu en mai 2002. On décide que Déméter vendra toutes ses pommes de terre de la campagne suivante avec Expandis. Puis très vite, comprenant les avantages de la mutualisation que nous pratiquons à Covipom comme à Prim'allia en matière de commerce, les agriculteurs girondins songent à former une coopérative. Initiative atypique et surprenante dans cette région. Leurs fermes étant de grandes tailles, ils ne sont que sept. C'est le minimum légal pour fonder une coopérative. Elle est constituée le 11 février 2003 et prend le nom d'Aquitaine primeurs industrielles (API).

Ses règles sont calquées sur les nôtres afin de garantir l'équité stricte entre les producteurs, notamment l'apport total. Tous les adhérents sont administrateurs, ce qui facilite les échanges. API adhère bien entendu à Expandis, mais à des conditions différentes puisqu'elle produit à contre-saison. Au lieu d'une retenue par hectare pour financer les frais de l'organisation, il est convenu d'un prélèvement représentant 2 % du chiffre d'affaires. Cette méthode maintenant bien éprouvée donne toute satisfaction. Déméter n'ayant plus de raison d'exister, Expandis en rachète le fonds de commerce en 2004.

Expandis, avec l'arrivée de Pom'Pic et d'API, fait preuve d'une attractivité spécifique que nous n'avions pas imaginée lors de sa constitution. Jamais les producteurs de la Somme n'auraient voulu adhérer à une coopérative. Jamais ceux de Gironde n'auraient pu adhérer à une coopérative si éloignée et ayant des règles adaptées au nord de la France. En rejoignant Expandis, une union de coopératives, Pom'Pic et API conservent leur identité et leur spécificité régionale tout en profitant de notre organisation et en la renforçant. La complémentarité des territoires plutôt que le repli sur un terroir demeure notre priorité. Expandis se charge de la commercialisation, de la sécurisation et de la diminution des coûts, les entités de base de la relation avec les producteurs. Notre modèle fait ses preuves.

Cependant, toutes les perspectives de rapprochement ne se réalisent pas. Il y faut de la conviction et de la détermination, ce que les dirigeants d'API et de Noriap ont prouvé. La campagne de 2002 est difficile. Dans toutes les régions, on cherche des solutions nouvelles pour commercialiser les pommes de terre. Nous recevons une délégation de cinq des syndicalistes les plus éminents de l'UNPT, principalement venus du Nord et du Pas-de-Calais. Ils disent vouloir travailler pour de vrai à la structuration de l'offre. Bonne nouvelle. Nous leur détaillons notre fonctionnement. Ils en comprennent volontiers les avantages, mais tiquent dès que nous abordons la règle de l'apport total. Toujours cette illusion de liberté, ce refus de s'engager réellement. Sans l'apport total, nos coopératives ne seraient que des coquilles vides.

Je crois que nous les avons convaincus intellectuellement de la validité de notre raisonnement coopératif. En revanche, un blocage s'est révélé insurmontable sur le plan émotionnel et affectif. Comment prendre le risque de faire confiance ? Comment supporter la perte d'autonomie ? Ils l'envisagent comme une blessure à leur ego ! Nous leur proposons de se constituer en groupe, négoce ou coopérative, pour adhérer à Expandis sans perdre leurs particularités. Après quelques semaines de réflexion, ils ne donnent pas suite à un projet d'envergure. Individuellement, ils veulent bien produire avec nous un total d'une soixantaine d'hectares, mais ces contrats ne seront pas renouvelés l'année suivante. Et chacun se réfugiera dans son syndicat maison.

Recherche de diversifications

Expandis nous a permis de nous renforcer dans nos métiers par une croissance externe. Nous cherchons également à diversifier notre activité tout en restant centrés sur notre savoir-faire. L'aventure du ginseng nous a appris que nous devions nous focaliser sur des productions mécanisables, et toute notre histoire nous a convaincus qu'il fallait vendre avant de produire. Cultures mécanisables et contractualisables, c'est le champ à explorer. Sous la supervision d'Éric Larive, un stagiaire est recruté pour six mois et nous faisons plancher une équipe d'étudiants. Les marchés de la quatrième et de la cinquième gamme sont analysés[47]. Ils concernent des volumes relativement faibles et il nous faudrait réaliser des investissements substantiels dans la station de lavage pour adapter notre offre à leurs besoins. Entre autres, il serait nécessaire de pouvoir calibrer précisément les carottes et les couper. À tort ou à raison nous renonçons. Nous passons en revue les marchés de la chicorée pour l'inuline, des bulbes à fleurs, du chanvre et du lin fibre, des asperges, des brocolis, des céleris branches. Aucun ne nous semble adapté à notre organisation.

Nous allons un peu plus loin avec le pavot bleu destiné à la pâtisserie. Par sa proximité botanique avec le pavot à opium, il contient des alcaloïdes opiacés. Sa culture est par conséquent extrêmement encadrée. Il faut même déclarer les parcelles à un organisme dépendant de l'ONU. Les autorisations sont rares. Une société qui en a obtenu une nous contacte. L'étude nous montre que cette production entre bien dans nos critères, qu'elle peut tout à fait convenir aux terres de notre région et qu'elle semble rentable. Nous montons un projet précis. Nous savions dès le départ que nous étions en concurrence avec d'autres entreprises. La proposition de Soufflet est finalement préférée à la nôtre en 2007.

Sur un aussi petit marché, l'arrivée d'un intervenant de cette taille a pour effet de bouleverser les équilibres. Les prix sont d'une extrême volatilité. Par ailleurs les techniques agricoles sont malaisées et les rendements excessivement aléatoires. Aussi compliqué que le ginseng ! Soufflet, pourtant professionnel majeur du commerce des grains, rencontre de grandes difficultés avec le pavot. Nous les avons heureusement évitées.

47. La quatrième gamme regroupe les légumes frais, crus, épluchés, coupés et conditionnés en sachets ou en barquettes. La cinquième gamme concerne les légumes stérilisés et pasteurisés sous vide.

Nous imaginons aussi dupliquer notre modèle dans d'autres pays. Une rapide exploration documentaire des pays d'Europe centrale et un bref voyage en Bulgarie nous montrent que c'est pour l'instant hors de portée.

Owel-Ghijs

En juin 2007, Dominique Lemoine me téléphone pour me demander de venir à Marchais. J'y passe si fréquemment que cette requête exceptionnelle est forcément urgente. Dès que j'arrive dans son bureau, nous appelons Éric Béguin et entamons une conversation.

Nous connaissons tous les trois la société belge Owel-Ghijs. Elle est basée à Renaix en Flandre-Orientale et est spécialisée dans le négoce de pommes de terre pour les chips. Une société concurrente d'Expandis, mais qui est aussi parfois notre client et parfois notre fournisseur. Les circuits commerciaux ne sont pas toujours simples. Bref, nous nous entendons plutôt bien et Dominique Lemoine entretient des relations courtoises avec Bernard Van den Brœke, son propriétaire et gérant. Celui-ci a décidé de prendre sa retraite et cherche à céder sa société. Il propose de nous la vendre en nous donnant une priorité, mais nous demande une totale discrétion. Interdiction d'en parler, même aux administrateurs. D'un commun accord, nous missionnons notre commissaire aux comptes, Didier Brun, pour qu'il étudie en détail les comptes de la société. Puisqu'il fait partie d'un grand cabinet international, il peut aisément trouver dans son réseau tout ce qui concerne les spécificités belges.

Owel-Ghijs est bien implantée en Angleterre et en Espagne. Dans ce dernier pays, les pommes de terre se conservent mal. Passé novembre ou décembre, les fabricants de chips doivent importer des pommes de terre produites plus au nord, Bassin parisien, nord de la France ou Belgique. Owel-Ghijs parvient à vendre à des prix élevés tout en bénéficiant d'achats bon marché, car la Belgique, à l'époque, se trouve en surproduction quasi structurelle. Les marges de la société sont excellentes et si le prix demandé pour son achat peut paraître élevé - quatre millions d'euros, trésorerie déduite -, il se justifie au regard de celles-ci. Didier Brun certifie que les comptes d'Owel-Ghijs sont sincères et qu'il n'a rien relevé qui empêche la transaction. Tous trois, nous acceptons la proposition.

Nous n'avons pas le temps de réunir les conseils, mais nous sommes parfaitement légitimes pour une décision de principe. En effet, la stratégie d'Expandis, depuis l'origine, et constamment réaffirmée depuis, consiste à accroître les quantités de pommes de terre et de légumes commercialisés, qu'ils proviennent de coopératives comme Prim'allia, Covipom et API, ou de négoces comme Pom'Pic. Owel-Ghijs trouvera donc naturellement sa place dans l'organisation. La décision d'achat n'est en réalité pas de nature stratégique mais tactique. La stratégie relève du temps long, la tactique est affaire de rapidité d'exécution. Je prends néanmoins la précaution de consulter Bernard Gandon et Michel Leroux, les vice-présidents de Prim'allia. Ils partagent notre opinion. Trois jours plus tard, nous signons un protocole d'accord qui sera entériné lors d'un conseil commun tenu dans les jours qui suivent.

Owel-Ghijs dispose de vastes stockages modernes et surtout d'une installation de lavage à poste fixe d'excellente qualité. À l'inverse de notre pratique, les pommes de terre sont en grande partie acheminées lors de la récolte dans ces magasins, ce qui suppose une logistique précise, et permet ensuite des livraisons dans les meilleures conditions. Lorsque les conseils d'administration visiteront ces équipements, ils seront impressionnés par leur excellence.

Comme à chaque initiative, les mauvaises langues de nos concurrents s'agitent : « Les producteurs d'Expandis ne veulent plus produire pour McCain, c'est pourquoi ils achètent Owel-Ghijs. » Évidemment, c'est faux. Archifaux ! Nos relations avec McCain restent si bonnes que le responsable des achats de pommes de terre, Christian Vanderheyden, n'hésitera pas à l'affirmer dans le film de présentation d'Expandis. Faute d'arguments avérés, certains ont l'imagination fertile.

Fondé sur la réalité des années précédentes, le *business plan* montre que les emprunts souscrits pour l'achat de la société seront remboursés dans un délai raisonnable grâce aux bénéfices de celle-ci. Owel-Ghijs paiera Owel-Ghijs. Convaincu de la validité de cette présentation, je la soutiens péremptoirement tant en conseil d'administration que devant l'assemblée générale. Elle ne se réalisera pas, pour de multiples raisons.

L'organisation de la récolte impose de stocker dans un même entrepôt des lots différents. Si un lot pose problème et doit être sorti d'urgence, il faut donc vider ceux qui sont devant lui. Ce manque de souplesse va plusieurs fois contrarier nos prévisions de livraison et impacter nos ventes.

Owel-Ghijs achète des pommes de terre à des producteurs, mais elle loue aussi des terres pour produire sous sa propre responsabilité. Les risques agricoles reposent dans ce cas sur la société. Les premières années, Owel-Ghijs trouvait des terres à louer dans un périmètre restreint autour de Renaix si bien que le prix de revient des pommes de terre était compétitif. Avec le développement de la production de frites surgelées en Belgique, la concurrence pour la location de terres oblige Owel-Ghijs à augmenter ses tarifs. Ce n'est pas suffisant. Elle doit aller chercher des parcelles plus éloignées et souvent plus difficiles. Le prix de revient de nos productions comme de nos achats extérieurs augmente. Au point de devenir excessif. En effet, parallèlement, les prix de vente des pommes de terre sur le marché espagnol rejoignent ceux pratiqués dans les autres pays européens sous l'effet de la concurrence d'opérateurs français et belges. Un effet de ciseau qui remet en cause nos anticipations.

Si l'on ajoute des pertes considérables de pommes de terre dans les stockages d'un important producteur, un revers sur le change de la livre sterling et des accidents culturaux provoqués par une météorologie capricieuse, on constate vite une dérive importante par rapport aux prévisions. Owel-Ghijs devient un souci. Une analyse rigoureuse nous montre que le coût du lavage à poste fixe, ce si bel outil, est finalement bien plus élevé qu'avec nos laveuses mobiles en France. L'exploitation d'Owel-Ghijs est plusieurs fois revue : réduction drastique du personnel permanent, limitation des locations de terre, optimisation de la logistique, importation de pommes de terre françaises. Et la question du maintien d'Owel-Ghijs dans le périmètre d'Expandis est plusieurs fois posée. Après en avoir débattu, le conseil d'administration d'Expandis décide de poursuivre dans la mesure où la société conserve un excédent brut d'exploitation positif, ce qui est le cas. Pour ses activités courantes, Owel-Ghijs n'a donc pas besoin de faire appel à des financements provenant de ses actionnaires, Covipom, Prim'allia et Expandis. En revanche elle est dans l'incapacité de leur verser comme prévu des dividendes suffisants pour rembourser leurs emprunts. Les actionnaires doivent donc puiser dans leurs ressources, au détriment d'autres investissements, du renforcement de leur bilan ou, indirectement, de la rémunération des adhérents.

Owel-Ghijs, un échec ? Une erreur stratégique ? À tout le moins une erreur d'appréciation. Il était naïf de croire que nous pouvions acquérir une société sans consacrer à cet achat, au moins en partie, des fonds provenant de notre trésorerie. On ne pratique pas le capitalisme sans capital.

Toutefois, acheter Owel-Ghijs nous a permis d'élargir notre portefeuille de clients tout en ayant un concurrent de moins. C'était bien l'objectif principal de cette croissance externe. Il a été atteint et Expandis doit impérativement garder l'ambition d'autres alliances à l'avenir.

Le succès de l'intermédiation d'Expandis en pommes de terre pour les chips a fait naître des vocations. Et chaque nouvel intervenant participe à dégrader les prix de vente. Nous devons renouveler nos efforts de rapprochements sous toutes les formes imaginables, y compris le rachat de concurrents. Ce doit être au cœur de la stratégie d'Expandis. Les déboires rencontrés avec Owel-Ghijs ne doivent en aucune façon nous en détourner. D'un point de vue strictement commercial l'opération est une réussite. Les difficultés proviennent une fois de plus de la gestion d'équipements qui se révèlent inadaptés à l'évolution de l'environnement économique. Les risques qu'ils représentaient ont été sous-estimés. C'est dans ce domaine qu'il faudra faire preuve de plus de circonspection.

En 2019, un de nos voisins dans la zone industrielle de Renaix a besoin de s'agrandir. Il questionne alentour, nous rencontre et propose de nous acheter terrain et bâtiments. Le prix avancé permet de récupérer la totalité de l'argent investi. Le conseil d'administration accepte, satisfait, la transaction. Au total, Owel-Ghijs aura été en mesure de verser des dividendes pour un million d'euros sur les quatre initialement prévus. Les adhérents auront capitalisé dans leur coopérative. Celle-ci dispose maintenant de moyens pour de nouveaux projets. Notre capacité de croissance externe est accrue. Nous pouvons - et donc nous devons - jouer un rôle moteur dans l'indispensable concentration des intermédiaires en pommes de terre et légumes.

L'affaire chitwoodi

Au matin du 6 février 2008, Bernard Gandon, vice-président de Prim'allia et producteur émérite de salsifis, fait un tour de plaine avec le technicien agricole qui suit ses céréales, Marc Mouny. Celui-ci connaît bien les légumes puisqu'il fut naguère technicien à Prim'allia. Passant devant un silo de salsifis, ils remarquent une racine étrangement boursouflée. Marc Mouny propose de la faire analyser dans un laboratoire de Reims. Le résultat parvient le 11 février. Les difformités sont dues à un nématode à galles, le *Meloidogyne chitwoodi.*

Le ciel vient de nous tomber sur la tête.

Le ciel, c'est en l'occurrence l'administration française, représentée par la DGAL[48].

Le *Meloidogyne chitwoodi* est un organisme dit « de quarantaine » en Europe[49]. Lorsque la liste des parasites de quarantaine fut établie, on ne l'avait jamais rencontré dans nos pays. Comme de leur côté les Américains venaient d'inscrire le *Meloidogyne hapla*, bien connu en Europe pour ses dégâts importants sur les cultures, sur leur propre liste de quarantaine, symétriquement, par manière de réciprocité, les Européens ont placé le *chitwoodi*, nuisible et présent aux États-Unis, sur la leur. Une sorte de barrière non tarifaire aux échanges de part et d'autre de l'Atlantique. Depuis cette inscription, on avait déjà trouvé du *chitwoodi* un peu partout en Europe, particulièrement en Belgique, aux Pays-Bas, en Allemagne et même en France. D'ailleurs, en reprenant des échantillons de sol plus anciens, on a montré que du *chitwoodi* était probablement présent au moins depuis les années 1930 sur notre continent. Mais avant l'invention des sondes à ADN, au début des années 2000, la distinction entre *hapla* et *chitwoodi* était très délicate à mettre en évidence. Il fallait observer attentivement le périnée des femelles et les laborantins formés à les discerner étaient peu nombreux. L'apparition d'une technique simple et rapide permet à présent de les caractériser sans risque d'erreur.

Le *chitwoodi* est un parasite qui se développe sur les racines de nombreuses plantes. Il n'est en aucune façon nuisible pour l'homme, mais il déforme racines et tubercules et, présent en grand nombre, peut affecter gravement les rendements. En Belgique et aux Pays-Bas, pays relevant de la même réglementation européenne que la France, l'administration répond

48. DGAL : direction générale de l'Alimentation. Il s'agit de l'une des quatre directions d'administration centrale du ministère de l'Agriculture et de l'Alimentation.
49. « Organisme nuisible qui a une importance potentielle pour l'économie de la zone menacée et qui n'est pas encore présent dans cette zone ou bien qui y est présent mais n'y est pas largement disséminé et fait l'objet d'une lutte officielle », selon la définition de la FAO.

depuis l'origine avec pragmatisme lors de la découverte de cas de *chitwoodi.* On réalise un dosage et, même s'il figure sur la liste des parasites à éradiquer, on réagit en fonction de l'importance de la population. Si l'animal n'est présent qu'en petite quantité, on adapte les techniques agricoles en renforçant notamment le travail du sol lors des intercultures. Si la population est plus dense, on adapte l'assolement en choisissant des espèces et des variétés qui ne le multiplient pas. Enfin, si la population est très importante, il est prévu d'arrêter de cultiver quelque temps, mais je ne crois pas que ce soit arrivé. La DGAL a souvent répété qu'un bassin de 3000 hectares de légumes avait été perdu aux Pays-Bas, mais, malgré nos recherches, aucun de nos nombreux contacts locaux n'a pu le confirmer. Il ressort de ceci que l'administration de nos voisins fait preuve de vigilance mais se tient aux côtés des producteurs pour limiter leurs pertes et procéder à une éradication douce.

Rien de tel chez nous. Éradication - le mot est pris au pied de la lettre -, supprimer totalement et le plus vite possible. Éradication brutale, immédiate et sans nuances. La DGAL va en prendre les moyens. Une réunion se tient le 5 mai 2008 dans les sous-sols du ministère de l'Agriculture. L'atmosphère est détestable. La DGAL accuse tout de go Expandis, sans aucune preuve, d'avoir introduit le parasite en important des Pays-Bas du plant de pommes de terre contaminé. Répétons-le, l'hypothèse la plus vraisemblable est la présence endémique du *chitwoodi* dans les sables où seules les méthodes récentes d'analyse ont permis de le révéler. La DGAL ouvre le plus grand parapluie possible : interdiction de toute culture pendant cinq ans sur l'ensemble des îlots PAC[50] concernés après analyse de prélèvements de terre réalisés tous les 50 ares. Dans cette hypothèse, les deux tiers de la ferme de Bernard Gandon

50. L'îlot PAC est défini par des limites naturelles comme des chemins, des rivières ou des bois. Il est souvent composé de plusieurs parcelles de culture.

deviendraient inexploitables. C'est la seule occasion où j'ai vu Éric Béguin entrer publiquement dans une colère noire en protestant contre cette absurdité qui tendait à mettre le danger du *chitwoodi* au niveau de celui du nucléaire. Rien n'y a fait.

L'année suivante, nous obtenons un assouplissement minime. La DGAL accepte de passer de l'îlot PAC à la parcelle de culture. Ça n'en demeure pas moins une catastrophe pour l'agriculteur. Le secteur historique des sables est passé au peigne fin et l'on trouve bien entendu d'autres cas. En 2009, trois exploitations sont concernées et 160 hectares rendus administrativement incultes.

Chaque annonce de résultat positif est une tragédie professionnelle qui peut se transformer en tragédie tout court. J'ai appréhendé chaque fois le pire en craignant un geste fatal de l'adhérent se voyant ruiné. Heureusement aucun d'eux n'a attenté à ses jours. Certains fonctionnaires avaient conscience des risques humains encourus et faisaient preuve de délicatesse lors de la découverte du parasite, mais pas tous. Plusieurs adhérents ont été avertis par un simple mail que leur avenir agricole était remis en cause.

Pour être écoutés, les producteurs touchés se regroupent en une association. Elle les aide dans les inéluctables démarches administratives et leur apporte un soutien moral crucial. C'est d'autant plus nécessaire qu'on tente de les stigmatiser. Les discours officiels sous-entendent régulièrement que ces producteurs auraient commis quelque faute agronomique. Laquelle ? Aucune ne fut jamais repérée malgré des recherches minutieuses. Les morsures de la calomnie sont, elles, bien réelles. Les prélèvements d'échantillons de terre deviennent des mascarades. Les agents qui en sont chargés sont recouverts de masques et de combinaisons - blanches pour être bien repérables de loin - qui les font passer pour des cosmonautes. Tracteurs et matériels doivent être désinfectés à la sortie des champs et les agriculteurs ont l'interdiction d'y pénétrer. Pendant ce temps, chasseurs et sangliers battent la plaine sans être inquiétés. On pourrait multiplier les exemples de ces humiliations inutiles.

La DGAL interdit toute culture pendant cinq ans - ce qu'elle appelle jachère noire - sur les parcelles incriminées, prétextant que le laboratoire de Rennes, unique habilité à déterminer les nématodes en France, n'est pas en mesure de les quantifier. Ses seuls résultats possibles sont positifs ou négatifs. Noir ou blanc. Un manichéisme qui facilite les contrôles. Nous avons beau montrer qu'en Belgique et aux Pays-Bas il en va différemment, il faut des années pour que l'administration française prenne contact avec ses homologues du Benelux. Et elle ne l'a fait que quand elle a enfin disposé à son tour de tests quantitatifs.

La DGAL, relayée par le préfet et la DDAF, a tout pouvoir pour réglementer et faire appliquer sa réglementation, mais pas le moindre sou pour envisager une indemnisation. La chambre d'agriculture de l'Aisne, heureusement, nous offre toute l'aide possible. Son directeur, Philippe Fouilliard, et son président, Philippe Pinta, activent leurs réseaux. L'UNPT et la FNSEA viennent à leur tour à notre rescousse sans ménager leur temps ni leurs efforts. Philippe Pinta est par ailleurs président de l'AGPB et d'ORAMA[51] si bien qu'il a un accès facilité au cabinet du ministre de l'Agriculture. Quatre ou cinq années de suite, il nous introduit rue de Varenne afin de quémander en fin de campagne des sommes souvent importantes pour combler les pertes des producteurs. Reconnaissons que nous avons toujours été reçus avec bienveillance, quelle que fût la couleur du gouvernement, et que les indemnités, évidemment tardives, étaient convenables même si elles ne couvraient pas la totalité du manque à gagner. Le ministère exige, comme le prévoient les textes, un cofinancement professionnel. Il nous est

51. AGPB : Association générale des producteurs de blé. ORAMA fédère les producteurs de blé, de maïs et d'oléoprotéagineux. L'AGPB comme l'UNPT sont des branches de la FNSEA.

accordé sans barguigner par le GIPT[52]. Il faut ici cordialement le remercier, ainsi que chacun des membres de la profession qui nous ont soutenus dans cette passe terriblement difficile.

J'ignore ce que nous serions devenus sans eux.

D'autres secteurs agricoles sont restés cramponnés à l'idée de défense sanitaire du territoire français. Défense à mon sens inutile et mal comprise puisque le *chitwoodi* est endémique. Ils ont néanmoins poussé les pouvoirs publics à rester intransigeants, ce qui nous a fait perdre un temps précieux. Certains sont même allés jusqu'à nous montrer du doigt en nous accusant d'avoir produit trop de légumes. Incrimination sans fondement puisque ce nématode est polyphage, ce qui signifie clairement qu'il s'attaque à toutes les cultures, céréales comprises.

Les pertes commerciales d'Expandis, quant à elles, n'ont jamais été comblées. La nouvelle de la mise en quarantaine de parcelles d'adhérents de la coopérative se répand comme une traînée de poudre. Il nous faut rassurer nos clients. Nous y parvenons grâce, une fois de plus, à la qualité de nos relations commerciales. Certains d'entre eux comme McCain, Nestlé et Bonduelle prennent même des initiatives pour tenter de sauver des lots contaminés, mais les exigences suspicieuses de la DGAL font capoter les solutions pragmatiques envisagées. De quoi éberluer un fonctionnaire belge.

Dans cette atmosphère délétère, beaucoup de nos adhérents prennent peur. Ils décident de cesser la production de salsifis, la culture qui reste le plus longtemps en terre et, par conséquent, celle sur laquelle le *chitwoodi* est le plus facilement repérable. Avant le *chitwoodi*, Expandis commercialisait près de la moitié des salsifis français. Nous tombons à moins de 15 %, laissant la place aux Landes et surtout à la Belgique, le pays qui sait gérer avec réalisme le *chitwoodi*.

52. GIPT : Groupement interprofessionnel pour la valorisation des pommes de terre. C'est l'interprofession des pommes de terre transformées.

D'autres cas de *chitwoodi* avaient été détectés en France avant le nôtre, notamment dans le Languedoc et en Île-de-France, mais ils avaient été passés sous silence. La première découverte dans l'Aisne a été, elle, immédiatement signalée à l'Union européenne, comme c'est la règle, mais avec une diligence surprenante.

Avec le temps, au bout de multiples rencontres, l'absurdité des mesures imposées par la DGAL a fini par devenir manifeste et, petit à petit, l'étau s'est desserré. Au lieu d'une jachère noire de cinq ans, on est passé à une jachère noire d'un ou deux ans suivie d'une jachère verte de trois ans. Jachère verte signifie l'autorisation de cultiver un nombre limité d'espèces et de variétés, ce qui permet une exploitation économiquement convenable de la parcelle. Au lieu de la parcelle entière, ces contraintes ne concernent plus que les 50 ares où l'animal a été détecté et les carrés adjacents, soit 4,5 hectares au plus. Plus important, la France a enfin mis en place en septembre 2013 un système d'indemnisation pérenne dédié à ce type de crise touchant à la sécurité sanitaire du territoire. C'est le FMSE[53], dont la solidité du budget, fondé sur une cotisation de tous les agriculteurs, rassérène les producteurs. L'affaire *chitwoodi* a servi de catalyseur pour lever les derniers obstacles à la création de ce fonds que la loi prévoyait depuis des années.

Ces évolutions positives n'auraient pas été possibles sans l'authentique courage dont ont fait preuve deux fonctionnaires de la DRAAF[54] d'Amiens. Ceux-ci, s'indignant de la rigueur insensée des mesures arrêtées face aux enjeux économiques, commerciaux et humains, ont pris le risque de s'opposer publiquement à leur hiérarchie parisienne, finalement avec succès, tant les décisions de la DGAL étaient abracadabrantesques. Ils

53. FMSE : Fonds national agricole de mutualisation du risque sanitaire et environnemental.
54. DRAAF : direction régionale de l'Alimentation, de l'Agriculture et de la Forêt.

ont fait preuve d'un rare sens de leurs responsabilités. Qu'ils trouvent ici à nouveau l'expression de notre gratitude.

On pourrait doubler l'épaisseur de ce livre en détaillant tous les épisodes de la crise du *chitwoodi.* Celle-ci n'est pas tout à fait close. Quelques parcelles sont encore en jachère verte, mais la pression administrative est retombée et notre région n'est plus ciblée à outrance. Elle n'est plus soumise qu'à la surveillance nationale moyenne.

Au total, l'affaire *chitwoodi*, ce sont des producteurs mis en grave danger, c'est notre organisation ébranlée, c'est un temps infini consacré à un problème somme toute secondaire qui n'aurait dû être traité que sous son aspect agronomique. Des surfaces « contaminées » importantes consacrées aux salsifis, aux carottes et aux pommes de terre ont été interdites de cultures au prétexte que le *chitwoodi* rendrait les légumes inaptes à la consommation et handicaperait lourdement les rendements. En réalité, les légumes en question étaient d'une qualité irréprochable et les rendements excellents !

Que de temps, d'argent et d'opportunités commerciales gaspillés pour une lecture littérale et doctrinaire de textes européens qui laissent pourtant la possibilité d'une application bien différente, preuve faite en Belgique et aux Pays-Bas ! Cette surtransposition à la française est de règle dans bien des domaines. Elle permet tout à la fois de présenter notre pays comme exemplaire et de rejeter les conséquences de règles contraignantes à l'excès sur l'Union européenne. Les responsables politiques et administratifs peuvent les uns plastronner, les autres mettre en place des contrôles tatillons mais commodes. Et oublier que dans un monde pétri de compétitions le pragmatisme et le bon sens constituent les meilleurs alliés de l'efficacité.

Nouvelle station de lavage

Notre station de lavage a plus de 25 ans. Son entretien est devenu très onéreux et elle est obsolète. En multipliant les aménagements de la ligne initiale, nous sommes parvenus à éliminer tous les petits cailloux, mais il reste des fanes. Trop. Des matériels d'origine américaine permettent à présent de les faire disparaître, mais on ne saurait intégrer ces machines sans bouleverser notre installation.

Nos clients, Bonduelle au premier chef, ne sont plus satisfaits de la qualité de nos livraisons. Celle-ci l'exprime sans détour et en vient à évoquer la possibilité d'installer une chaîne de lavage dans le Ponthieu. Nous nous trouvons devant un dilemme analogue à celui de 1982 : soit nous investissons dans une nouvelle station, soit nous devrons abandonner le contrat Bonduelle, qui demeure le plus important en jeunes carottes. Cette fois, pas de tergiversations. Nous savons qu'il y va de poursuite de la production de jeunes carottes, culture essentielle dans la mise en valeur des sables.

Dominique Lemoine et Éric Larive contactent les fabricants de matériel et dressent les plans d'une station capable de délivrer 50 tonnes par heure de jeunes carottes parfaitement nettoyées. Après plusieurs mois d'études, le conseil de Prim'allia prend la décision formelle de la construction d'une station entièrement neuve le 22 septembre 2009. Un investissement de trois millions d'euros.

L'ancienne station est rasée. Légère angoisse de constater que nous avons brûlé nos vaisseaux. Les délais, très courts, sont à peu près tenus. La nouvelle installation démarre le 15 juin 2010 et nous l'inaugurons en grande pompe le 29 juin. Moment mémorable, mais un peu artificiel. Le débit est très insuffisant et nous devons faire laver une partie de nos carottes en Belgique pour honorer tous nos contrats. La mise au point sera longue et conflictuelle. Avec le recul je regrette que nous n'ayons pas utilisé les services d'un maître d'œuvre. Certaines incohérences, comme l'excessive hauteur du bâtiment, auraient pu être évitées, mais dès l'année suivante la station fonctionne selon son cahier des charges. Elle est réputée être la plus importante d'Europe. C'est un bonheur de regarder l'orange brillant des carottes qui remplissent les camions. En trente minutes.

Le bâtiment, isolé, est prévu pour accueillir, si besoin est, des installations de coupe des carottes. Nous avons envisagé de nous associer avec les établissements Verduyn afin de préparer des carottes pour la quatrième et la cinquième gamme et de les vendre ensemble, mais le projet ne s'est pas concrétisé. Aujourd'hui nous calibrons finement les carottes et nous pouvons, à partir d'un même lot, fournir deux clients différents aux demandes complémentaires. La nouvelle station permet aussi de recevoir les carottes sans avoir à les déposer sur une aire bétonnée, ce qui n'était pas possible avec l'ancienne. La casse est ainsi limitée, la qualité préservée et les clients satisfaits. Notre production de jeunes carottes est consolidée pour plusieurs décennies.

Plus aucun projet de lavage n'est à l'ordre du jour dans le Ponthieu.

2011- ? : LA MATURITÉ

	2011	2012	2013	2014	2015	2016	2017	2018
	Surfaces des légumes en première culture							
Jeunes carottes	32	52	65	7	38	84	17	92
Grosses carottes	30	57	82	97	76	88	80	47
Carottes nantaises	7	4	8	4	1	0	5	5
Salsifis	9	95	21	11	2	4	5	19
Oignons	35	76	58	69	86	56	85	97
Pommes de terre	327	294	800	447	999	946	911	9
Plants pdt	9	86	3	35	24	99	11	38
Total légumes racines	999	904	267	20	416	457	354	327
Évolution	2%	2%	11%	4%	10%	0%	2%	1%
Haricots verts	79	48	15	7	0	0	0	0
Tomate	7	9	0	0	0	0	0	0
Pois de conserve	60	23	4	82	36	56	67	67

	2011	2012	2013	2014	2015	2016	2017	2018
	Surfaces des légumes en première culture							
Total légumes verts	6	50	19	49	36	56	67	67
Évolution	0%	0%	41%	11%	39%	6%	0%	3%
Total	805	954	886	569	752	913	221	394
Évolution	0%	0%	15%	2%	12%	0%	0%	0%

L'union de coopératives Expandis est maintenant solidement établie, clairement structurée et elle a fait preuve de son efficacité, de son attractivité et de sa résilience.

Les surfaces diminuent légèrement sous l'effet conjugué d'une baisse de la demande en jeunes carottes, de l'angoisse liée aux salsifis et de l'abandon des surfaces de pommes de terre belges en autoproduction qui masque la progression régulière de notre activité en France.

Changement de direction, mais pas d'orientation

Dominique Lemoine est né en 1950. Il a commencé à travailler très jeune, pour les légumes évidemment. Dans le courant de l'année 2009, il commence à évoquer son départ en retraite, un tournant important pour la coopérative.

Une coopérative agricole est avant tout un groupe d'agriculteurs réunis autour d'un projet commun. Certes. Ceux-ci désignent un conseil d'administration qui est le mandataire social, c'est-à-dire le véritable patron de l'entreprise. Évidemment. Ce conseil élit un président et embauche un directeur qui doit appliquer la stratégie décidée en commun, si bien que la qualité du binôme formé par le président et le directeur est garante du bon fonctionnement. Assurément. Tout cela est vrai et marche bien dans notre organisation, mais au quotidien, tant auprès des clients que du personnel et même des adhérents, l'incarnation de la coopérative, c'est son directeur.

C'est encore plus évident quand ce directeur s'appelle Dominique Lemoine. Dominique est plein de qualités qui sont habituellement contradictoires. Il est d'un abord rugueux, mais il possède un sens aigu de la psychologie qui lui permet d'obtenir le meilleur de la part de ses interlocuteurs. Il se comporte en chef d'entreprise, presque en capitaine d'industrie, mais il démontre un attachement profond, scrupuleux, aux règles et aux principes coopératifs, en premier lieu à l'équité. Il n'apprécie pas vraiment la contradiction mais fournit au conseil d'administration la totalité des documents qui lui permettent de construire son opinion en toute transparence. Il est chaleureux, suscite un dévouement exceptionnel de ses collaborateurs, mais fait preuve d'une rigueur absolue en cas de manquement de leur part. Il aime à paraître nonchalant, mais il est doté d'une incroyable capacité de travail, au service de la coopérative, sept jours sur sept, comme si c'était sa propre entreprise.

La porte de son bureau est toujours ouverte. Quiconque peut venir le voir à l'improviste sans qu'il donne l'impression d'être dérangé. Il est par-dessus tout à l'affût de nouveautés, d'améliorations possibles, d'alliances, de rapprochements avec d'autres acteurs de nos filières. Jamais il ne nous a laissés tranquilles, jamais nous n'avons eu le temps de prendre des habitudes, jamais nous n'avons pu, avec lui, nous reposer sur nos lauriers. Alain Dellis disait que nos clients ne connaissaient pas la Coopal mais Dominique Lemoine. C'est resté vrai avec Prim'allia puis Expandis. Au fil des ans il est devenu, pour la France des pommes de terre et des légumes, une référence unanimement respectée et souvent consultée.

Lui trouver un successeur représente un véritable défi.

Lui trouver un successeur est comme une évidence.

François Bobin s'impose spontanément dans l'esprit des administrateurs. François Bobin a commencé sa carrière professionnelle à la Vico. Il est l'un des seuls à avoir choisi de rester à Covipom et non de rejoindre - ce qui était bien plus facile - la Vico sous pavillon Intersnack. Par fidélité à la coopérative et à ses adhérents. François accompagne Éric Béguin lors de la période éprouvante de la vente des usines. Il est nommé directeur de Covipom au moment où celle-ci ne compte plus que huit salariés. Il participe à la création d'Expandis et travaille alors avec abnégation à la construction de l'union. Il expérimente sans états d'âme une situation professionnelle hybride où il est à la fois le partenaire de Dominique Lemoine - chacun d'eux dirigeant une des coopératives de base - et son subordonné dans le cadre d'Expandis. Il prend en main la commercialisation des pommes de terre pour chips et développe notre portefeuille de clients. Le choix de François Bobin pour succéder à Dominique Lemoine est donc tout naturel.

Dominique Lemoine nous quitte. Son épouse, Véronique, qui a la charge du service administratif et financier, choisit de s'en aller en même temps que lui. Il faut par conséquent remanier les affectations de plusieurs collaborateurs. Nous nous faisons aider par un cabinet, qui réalise un audit de compétences. C'est l'occasion de vérifier à quel point l'équipe est attachée à la coopérative et combien elle désire progresser. Ainsi, par exemple, Stéphane Delattre, alors comptable, suit une formation qui va lui permettre de prendre la responsabilité du service avec une compétence toujours plus accomplie.

François Bobin a, lui aussi, une capacité de travail hors du commun, permanente. Bien plus extraverti que Dominique Lemoine, il partage ses humeurs avec tous ceux qui franchissent la porte de son bureau. Un management à l'émotion entièrement dévolu aux valeurs que nous avons impulsées à Expandis. Une rigueur, issue de son expérience, qui anticipe les difficultés en les observant d'abord sous un angle juridique. État d'esprit précieux au service des pratiques coopératives qui nous sont chères. François Bobin n'a aucun mal à perpétuer les principes, les règles et le pragmatisme de Dominique Lemoine. Une seule vraie différence : il est issu du monde de la pomme de terre et non du légume. Une période d'adaptation lui sera nécessaire pour en comprendre tous les enjeux, mais il est dès l'abord convaincu qu'Expandis a besoin de ses deux piliers.

Dominique Lemoine quitte ses fonctions de directeur le 31 janvier 2011. Lors de l'assemblée générale de novembre, nous lui présentons un film qui témoigne de notre reconnaissance et de notre attachement[55].

Adaptation de la gouvernance

Le changement de directeur est l'occasion d'examiner et de parfaire l'organisation des coopératives et de leur union. Nous nous réunissons à Sancerre en juillet 2011 pour un séminaire de trois jours créatif et refondateur.

François Bobin nous expose la situation du marché européen de la chips. Expandis fournit tous les fabricants de chips les plus importants, mais elle n'a que 17 clients et les trois quarts de ses 125 000 tonnes destinées aux chips sont absorbés par 5 clients seulement. La « règle » des 80/20 s'applique. Fragilité malgré tous nos efforts commerciaux. Que dire de ceux qui n'ont qu'un seul débouché ?

L'essentiel de nos travaux porte sur l'évolution de la gouvernance.

Si le directeur est l'unique responsable de l'organisation de son équipe, nous ressentons le besoin de rapprocher les collaborateurs des administrateurs et de resserrer les liens entre

55. Ce film est toujours visible à l'adresse suivante : http://www.expandis.coop/publique/accueil-183.aspx.

Prim'allia et Covipom. De nous connaître encore mieux pour faire converger nos pratiques. Avec l'aide déterminante de Pascal Goux de Coop de France Rhône-Alpes, nous décidons de créer des commissions qui seront les outils de réflexion des conseils, qui iront bien au-delà des binômes administrateurs et salariés tombés en désuétude. Quatre commissions copilotées par un élu et un collaborateur qui approfondiront des sujets précis et élaboreront des propositions. Agronomie, pour affiner nos techniques et les diffuser auprès de tous les adhérents. Qualité, pour préparer les innovations qui nous démarqueront de nos concurrents. Communication, pour faciliter et accélérer les relations entre les adhérents et leur coopérative. Apports, pour élaborer les règles les plus équitables possible de rémunération[56].

Des administrateurs des deux coopératives y participeront, de même que tous les adhérents intéressés. Élargissement, enrichissement et approfondissement des réflexions.

Il convient de ne pas interférer avec le quotidien des collaborateurs, qui est sous la seule responsabilité du directeur. Les administrateurs chargés des commissions possèdent la maturité nécessaire pour se plier à cette règle impérieuse. Ces commissions se révéleront de véritables catalyseurs de la créativité et de l'efficacité d'Expandis.

Simultanément, nous décidons de tenir le plus souvent possible nos conseils d'administration en commun de façon à gagner du temps et à mieux faire circuler l'information. Si dans un premier temps quelques administrateurs de Covipom rechignent à se pencher sur les légumes, ils se prennent rapidement au jeu et ces conseils communs deviennent la règle. Au point qu'il n'y a vite plus aucun conseil séparé, celui d'Expandis tenant lieu de bureau.

56. L'étude des cas particuliers reste l'apanage des bureaux, afin d'éviter toute suspicion de dérive.

Un an plus tard, nous revisitons nos conclusions. Nous sommes unanimes à apprécier sans réserve notre nouveau fonctionnement. Il perdurera jusqu'à la fusion de Prim'allia et Covipom en 2017.

Le décès d'Éric Larive

Octobre 2011. Mon fils Benoît m'arrête au bord de la route :

— Éric est mort !

— Éric ?

— Éric Larive.

— Éric ! Impossible !

Éric Larive, le collaborateur indispensable de Prim'allia. Fils d'un des fondateurs de l'APLCEA, embauché comme technicien par Dominique Lemoine dès 1983, il a participé activement à toutes les étapes qui ont mené à Expandis. Il en était la cheville ouvrière discrète mais centrale, sachant trouver les mots pour lever les incompréhensions, recueillant volontiers les confidences et faisant passer les messages avec finesse, humour et légèreté.

Combien de fois sommes-nous partis tous les deux présenter la coopérative à toute sorte de publics, étudiants, agriculteurs, chambres d'agriculture ou organisations diverses ? Et toujours sur la route nous passions des heures à refaire le monde et à parfaire Prim'allia et Expandis. Sportif et adepte d'une vie saine, Éric, mort ? Impossible !

À l'époque où il était l'unique technicien, il menait de front les essais, le suivi des parcelles, le réglage des machines de récolte et de la station de lavage et réalisait des analyses de groupe, pour chaque légume, qui ont permis des progrès notoires à l'ensemble des adhérents. Spécialiste incontesté de la production de légumes de plein champ, il s'est vu confier la tâche de les commercialiser en 1998 lorsque la croissance de Prim'allia n'a plus permis à Dominique Lemoine de s'y consacrer. Puisqu'il connaissait parfaitement ce qu'il devait vendre, il est devenu rapidement l'interlocuteur favori de nos clients. Affable et réactif, il ne perdait jamais de vue l'intérêt des adhérents. C'est lui qui a suivi quotidiennement la construction de la nouvelle station de lavage avec une rigueur rare. Il aimait aussi se remettre en cause et réfléchissait dernièrement, sans tabou, au possible rapprochement avec les établissements Verduyn qui aurait pu bouleverser sa façon de travailler.

D'une compétence unanimement reconnue, il était d'un commerce des plus agréables. Un authentique honnête homme. Pascale, son épouse, nous a confié qu'il vivait Prim'allia comme une vraie famille. De notre point de vue, c'était une évidence.

Éric, un véritable ami qui me manque toujours.

Tentative de déstabilisation

Éric Larive meurt quelques mois après la prise de fonction de François Bobin. Sa disparition nous laisse devant une difficulté inhérente à une petite structure comme la nôtre. Il est alors le seul membre de l'équipe à connaître personnellement nos clients transformateurs de légumes. Depuis, nous nous organisons pour que tous les dossiers importants soient maîtrisés par deux collaborateurs au moins, mais c'est loin d'être simple. En l'occurrence il faut faire face. Dominique Lemoine vient à notre aide pendant deux ans comme consultant, le temps de permettre à Patrick Baudrin, nommé pour succéder à Éric Larive, de se familiariser avec ses nouvelles responsabilités. Patrick Baudrin dirige alors depuis plus de dix ans avec talent le service technique. Il a donc un profil analogue à celui de son prédécesseur et il rencontrera rapidement le même succès que lui auprès des acheteurs.

Mais ces changements successifs de personnes suscitent des interrogations chez certains clients. Expandis va-t-elle continuer de s'impliquer dans les légumes ? Avec quelles compétences ? Ces questionnements sont vus comme une opportunité par un concurrent sans vergogne. Un concurrent malveillant qui saisit l'occasion pour tenter de nous éliminer du marché des petites carottes. Son idée éhontée est simple : faire produire lui-même des carottes et utiliser notre station de lavage en prestation de service. Malgré le lobbying qu'il déploie auprès de « son » industriel, celui-ci n'accepte pas cette proposition ridicule et impudente. Nos décennies d'investissements techniques et commerciaux ne sont pas duplicables en un claquement de doigts.

Concurrence déloyale

L'économie moderne pousse à la spécialisation. L'agriculture n'a aucune raison d'y échapper. La production de pommes de terre encore moins que d'autres. En 2012, 3600 exploitations seulement produisent 80 % des pommes de terre de notre pays. Naguère, avec le matériel d'un chantier standard on pouvait cultiver environ 80 hectares. De nos jours, on approche de 200 hectares. Rares sont les fermes qui permettent une rotation raisonnable de quatre à cinq ans. Il faut qu'elles dépassent 800 à 900 hectares. Restent deux solutions pour disposer d'un chantier compétitif donnant la possibilité de limiter les coûts unitaires : faire appel à une entreprise de travaux agricoles ou prendre en location des terres pour parvenir à la surface critique.

Quand on recourt à une entreprise extérieure il est compliqué de répartir les responsabilités équitablement. En cas de campagne difficile, comment équilibrer les charges entre producteurs ? L'établissement de règles communes et leur respect relèvent de la gageure. Les tentatives se succèdent depuis des décennies. Les réussites sont l'exception.

Louer des terres annuellement est bien plus simple. La gestion des risques par une seule et même entreprise est plus facile et plus efficiente. C'est une méthode qui se répand de plus en plus. Elle présente un danger vis-à-vis du statut du fermage, qui n'est pas notre sujet. La question qui nous intéresse est combien ?

Combien un producteur de pommes de terre pour l'industrie peut-il offrir à un détenteur du droit d'exploiter pour planter des pommes de terre avec une perspective de profit raisonnable ?

Pour un agriculteur français, de l'ordre de 700 €/ha. Des agriculteurs-entrepreneurs belges sillonnent le nord de la France en proposant de 1300 à 1400 €/ha[57]. Comment est-ce possible ?

En jouant sur tous les tableaux. Les acteurs des chantiers ne sont pas des salariés mais des auto-entrepreneurs belges. Ils acceptent des tarifs modiques tout en travaillant selon des horaires qui dépassent de loin ceux qu'autorise le Code du travail. Plus important, ils ne sont pas soumis aux cotisations sociales des salariés français. Il se pourrait également que certains Belges trichent sur les taxes françaises afférentes à l'emploi de produits de protection des plantes. En revanche, comme ce sont généralement de bons professionnels, ils utilisent presque toujours du plant certifié au même prix que le plant disponible en France. Au total, les économies générées lors de la production sont de l'ordre de 400 à 500 €/ha. Une première partie de la différence s'explique donc ainsi.

La seconde partie de la distorsion tient aux règles sociales et fiscales qui s'appliquent aux pommes de terre cultivées par nos voisins. Ceux-ci parviennent à faire admettre que leurs pommes de terre sont réputées produites en Belgique et non en France. Dans notre pays, la MSA[58] prélève une cotisation sur les bénéfices de 40 %. En Belgique, la protection sociale ne coûte que 16,7 %. Viennent alors les impôts. Les agriculteurs belges, qui n'ont dans ce pays qu'une surface modeste, sont

57. Nous nous focalisons ici sur la filière pommes de terre, mais de nombreuses cultures industrielles du nord de la France sont touchées par le même phénomène : lin textile, légumes pour l'industrie, etc.

58. MSA : Mutualité sociale agricole, la sécurité sociale spécifique du monde agricole.

imposés de façon forfaitaire. Ce qui signifie que leur activité française échappe à tout impôt. Pour 100 euros de bénéfice réalisé en France, il leur reste donc 83 euros. Un agriculteur français est imposé aux environs de 40 %. Pour 100 euros gagnés, il lui reste 60 euros après cotisations sociales et seulement 36 euros après impôts. Une différence de 47 euros au détriment de la MSA et de l'État français.

Si la marge nette d'un hectare de pommes de terre est de l'ordre de 800 €/ha, un agriculteur français ne gardera pour lui que 290 €/ha. Si un agriculteur belge se contente du même montant, il pourra consacrer 450 €/ha de plus à la location de terre[59]. Nous y sommes. Entre les cotisations sociales, les impôts, le coût du travail et quelques charges annexes auxquelles ils échappent, les agriculteurs belges bénéficient en France d'un avantage compétitif indu de l'ordre de 900 à 1000 €/ha.

S'ils en rétrocèdent 600 à 700 aux détenteurs du droit d'exploiter - on ne peut décemment plus parler d'agriculteurs -, il leur reste 300 €/ha. Une activité largement rémunératrice. Comment expliquer autrement la kyrielle de matériel neuf que les Belges utilisent alors que les producteurs français rechignent à renouveler le leur faute de rentabilité ? Comment expliquer autrement que, malgré des pertes de marchandises considérables dues à de mauvaises conditions de conservation, les affaires continuent de prospérer sans la moindre pause ?

Une concurrence déloyale.

Illégale ?

Des industriels disposant d'usines en France se laissent séduire. La progression des surfaces exploitées dans ces conditions par les Belges est vertigineuse. L'un d'eux est passé de 100 hectares la première année à 200 la suivante, 500 la

59. Pour un Français : 800 x 0,6 x 0,6 = 288 €/ha. Pour un Belge : 347 x 0,83 = 288 €/ha. Ce dernier dispose donc de 800 - 347 = 453 €/ha de plus pour financer sa location.

troisième, 1000 la quatrième - 1000 hectares, c'est-à-dire de l'ordre de 45000 tonnes. Le quart de la production d'Expandis. Une déstructuration de la filière qui se déploie avec la complicité silencieuse des industriels, des organisations professionnelles et de l'État.

Les industriels y trouvent évidemment leur intérêt puisque ce sont eux qui sont à l'origine de ce processus. Il ne s'agit pas tant pour eux de diminuer le prix d'achat des pommes de terre que d'en abaisser le coût par une organisation plus fluide. Plus besoin d'un service étoffé pour conseiller une ribambelle de producteurs et organiser l'approvisionnement. Comme avec Expandis, il n'y a plus qu'un seul interlocuteur.

L'attitude des organisations professionnelles est quant à elle d'une regrettable ambiguïté.

Au niveau local, elles n'osent pas critiquer une proposition commerciale qui permet à certains « agriculteurs » de trouver immédiatement une rémunération dont ils ont grand besoin. Certes, mais c'est oublier que l'écart entre un fermage, qui est de l'ordre de 200 à 270 €/ha, et une location des terres à 1300 ou 1400 €/ha, marque les esprits. Ne revenons pas sur l'incompatibilité avec le statut du fermage. Intéressons-nous plutôt aux propriétaires exploitants qui songent à prendre leur retraite. Il y a quelques décennies, s'ils n'avaient pas de successeurs, ils mettaient leurs terres en location, ce qui permettait à un jeune de s'installer ou à un agriculteur établi de se renforcer. Mais comment, de nos jours, pourraient-ils accepter de louer leurs terres pour 300 €/ha alors qu'il leur est possible d'en percevoir 1000 autres sans rien faire de plus ? La location des terres, dans ces conditions, se télescope avec l'aménagement du territoire agricole. Elle fortifie une économie de rente qui appauvrit en profondeur le tissu rural pour un apparent bénéfice à court terme. Manque de vision pour les syndicats locaux.

L'ambiguïté est encore plus manifeste chez les syndicats de branche nationaux. La défense de l'intérêt des producteurs français est leur raison d'être. Ils en affichent la volonté.

L'arrivée de nouveaux concurrents déloyaux ne peut qu'affaiblir la position de ces producteurs. Ils constituent un élément de poids dans la main des industriels pour saper à la longue le prix d'achat des pommes de terre. Les syndicats devraient s'insurger contre ces pratiques. Certes pas contre le principe des locations de terres en elles-mêmes, mais contre des locations menées par des concurrents qui ne sont pas soumis aux mêmes règles que nous. Étonnamment ce n'est pas le cas. Les syndicats nationaux font profil bas. Un de leurs responsables m'a même confié que, de son point de vue, les producteurs français étaient paresseux ! Il faut se rappeler que ces syndicats sont constitués des représentants des « syndicats maison » évoqués dans un chapitre précédent. Syndicats maison qui ne peuvent afficher trop haut leur opposition à une volonté forte de « leur » industriel. Le vieux piège de l'inévitable collusion fonctionne ici comme toujours.

L'attitude des pouvoirs publics et de la MSA est encore plus surprenante. Si la marge nette d'un hectare de pommes de terre est de 800 euros, la MSA perd 320 €/ha avec la location par un Belge. En outre, elle se prive des cotisations qui auraient dû être versées pour les salariés. Plusieurs centaines d'euros par hectare. Plusieurs millions d'euros, peut-être plusieurs dizaines de millions au total, qui ne semblent pas préoccuper un organisme qui met pourtant une énergie remarquable à recouvrer au centime près les cotisations dues par les agriculteurs qui lui sont assujettis. Français.

L'État enregistre également des pertes considérables. Socialement, ce sont des emplois potentiels qui ne se créent pas dans des régions qui en manquent pourtant dramatiquement. Financièrement, ce sont des impôts en moins. Impôts sur les sociétés, impôts sur les personnes, et il conviendrait de regarder attentivement ce qu'il en est de la TVA. Les représentants de l'État, alertés depuis des années, déclarent n'y rien pouvoir changer puisque ce serait une des conséquences des règles européennes de libre circulation des biens. Cela reste à prouver. En Europe, les États sont toujours maîtres de la fiscalité sur leur territoire. En tout état de cause, politiquement, on voudrait affaiblir encore un peu plus l'adhésion de nos compatriotes à l'idéal européen qu'on ne s'y prendrait pas autrement.

Ce manque de volonté de toute part, ce laisser-aller, cette inertie de l'ensemble des acteurs, annihile le travail de structuration de l'offre auquel Expandis se consacre avec acharnement. Comment convaincre un propriétaire exploitant de nous rejoindre avec la perspective de gagner 800 €/ha alors qu'il peut, sans rien faire, en empocher 1400 ? Nous ne cessons de dénoncer cette réalité affligeante, mais les clefs de cette affaire ne sont pas dans nos mains. À quand une prise de conscience suivie d'effet ? Combien d'années perdues ?

La frite mondialisée

Nous n'en avons pas fini avec la Belgique, mais sur un autre registre : celui de l'industrie.

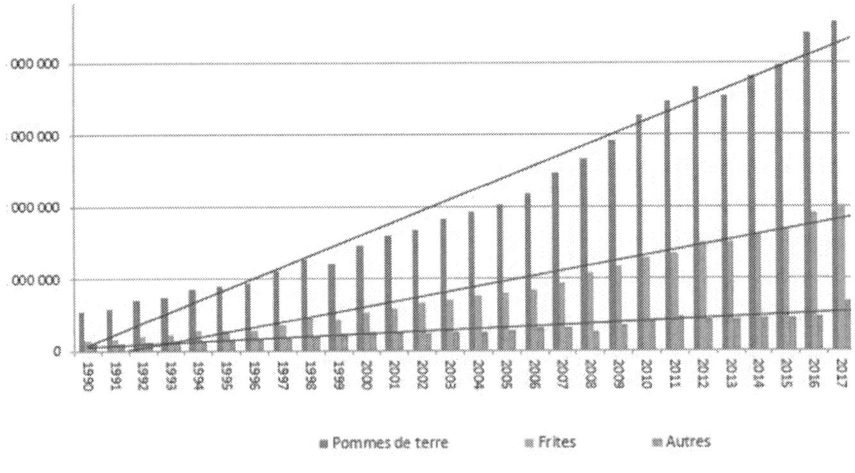

La transformation belge de la pomme de terre, pommes de terre comme matière première 1990-2018

Source : https://pers.vlam.be/public/uploads/pers/files/201904%20croissance%20transformation%20de%20pdt%20belge.JPG

En 2001, année du démarrage de l'usine McCain de Matougues dans la Marne, un million de tonnes de pommes de terre étaient transformées en France. En 2019 nous en sommes à 1,2 million.

En Belgique, durant la même période, l'activité a été multipliée par trois ! On y est passé de 1,7 million de tonnes de pommes de terre à plus de 5 millions. De 750 000 tonnes de frites à plus de 2,3 millions !

En France, « le principal industriel du secteur », comme il est convenu d'appeler McCain dans les statistiques - on n'a pas le droit de mentionner son nom tant il est dominant -, transforme un million de tonnes dans ses trois usines, soit 80 % de l'activité française à lui seul.

En Belgique une quinzaine d'acteurs importants, souvent issus d'une exploitation agricole ou d'un négoce familial, ont su capter une grande part de la croissance exponentielle de la frite surgelée dans le monde entier. Les régions capables de produire de façon compétitive des frites sont finalement assez peu nombreuses : les deux côtes des États-Unis et du Canada, une partie de l'Argentine et l'Europe du Nord-Ouest. C'est tout. En Europe, les Pays-Bas ont tenté de suivre la progression du marché, mais leurs terres sont déjà saturées de pommes de terre. L'Allemagne a réussi à doubler son activité de 1994 à 2014. La Belgique a multiplié la sienne par quatre. Certes, elle est idéalement placée pour exporter, mais le nord de la France n'a rien à lui envier et pourtant la production française a stagné durant la période. Et comme les surfaces de la Belgique sont à leur tour saturées, les usines belges ne doivent leur croissance qu'à la facilité qu'elles ont de s'approvisionner en France[60].

Atterrant !

Pourquoi les industriels choisissent-ils d'installer leurs usines en Belgique, le plus souvent le long de la frontière fran-

60. La Covid-19 impose une baisse dramatique de la consommation de frites surgelées dans le monde. Gageons qu'elle ne sera que temporaire.

çaise, et non en France ? Ce n'est pas pour les salaires, qui sont plutôt plus élevés en Belgique[61]. Ce n'est pas pour les réglementations environnementales. Avec Owel-Ghijs nous avons appris qu'elles étaient au moins aussi contraignantes qu'en France. Ce n'est pas pour la pression fiscale, les impôts et taxes belges valent amplement les nôtres. Il faut chercher ailleurs les raisons de cette étrange délocalisation dans un pays *high cost.*

J'en vois trois. La première relève de l'esprit d'entreprise, qui est partout à l'affût en Belgique. L'image de l'entreprise et des entrepreneurs y favorise les initiatives industrielles. Qui peut ignorer qu'entreprendre est aussi affaire d'état d'esprit, de psychologie et d'image de soi ? La deuxième raison tient à la méthode de la taxation des plus-values. En France, quand une entreprise réalise des plus-values, celles-ci sont taxées, et il lui faut payer immédiatement le montant de la taxe. Si, par la suite, la même entreprise a un projet, elle doit aller trouver un banquier, emprunter l'argent, investir, et alors seulement elle pourra procéder à des amortissements qui réduiront ses impôts. La Belgique se montre bien plus incitative. Les plus-values sont taxables. On calcule cette taxe, mais l'entreprise bénéficie d'un délai de plusieurs années pour s'en acquitter, et si, entre-temps, elle investit, les taxes sur les plus-values sont déductibles. Le résultat est analogue pour l'État, mais combien différent pour l'entreprise. Qui préfère payer une taxe plutôt qu'investir[62] ? La troisième raison, sans doute la plus déterminante, tient à la rapidité des décisions administratives, alors même que la réglementation est tout aussi contraignante sur le fond dans les deux pays. Entre la décision de la création d'une nouvelle usine et l'autorisation définitive, il s'écoule souvent moins d'un an en Belgique[63] et jusqu'à trois en France. Dans notre pays,

61. Si bien que les salariés sont souvent des Français frontaliers attirés par les salaires belges.
62. Dans le même ordre d'idée, la Belgique subventionne l'acquisition de matériel alors que la France a choisi le mécanisme du suramortissement Macron. Le résultat est similaire mais retardé, si bien que l'incitation est moindre.
63. Comme jadis en France.

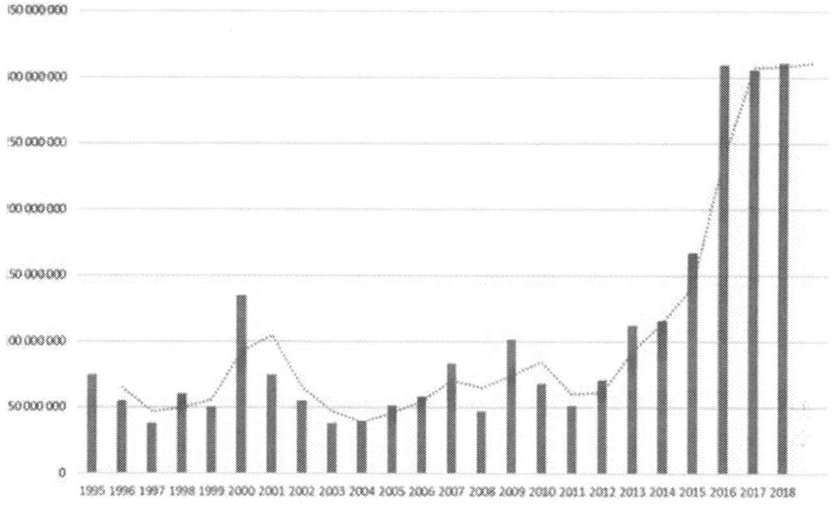

Investissements belges dans l'industrie de la transformation de la pomme de terre (1995-2018)

Source : https://www.potatopro.com/news/2019/belgian-potato-processing-industry-processed-over-5-million-tonnes-potatœs-2018

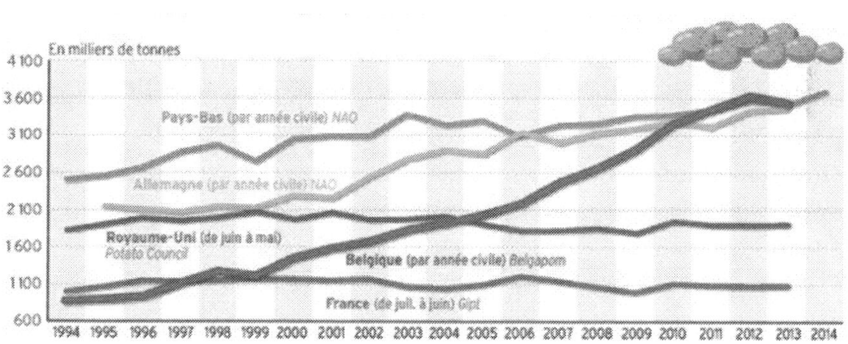

Pommes de terre : la transformation stagne en France et s'envole en Belgique

Source : http://www.oise-agricole.fr/actualites/patates-la-concurrence-belge-gagne-les-champs:-4ZX72AGM.html

il s'est même développé toute une économie de la contestation de projets qui engraisse associations et hommes de loi. Qui peut croire qu'un *business plan* est encore robuste au bout de trois ans ?

Bonne nouvelle ! Clarebout, une entreprise familiale belge parmi les leaders de la frite surgelée, envisage de s'installer à

Dunkerque. Ce serait la première création d'usine dans notre pays depuis 2014[64]. Clarebout prévoit un investissement de 140 millions d'euros. En Belgique, l'investissement annuel moyen des industries de la pomme de terre est de 300 millions d'euros depuis plusieurs années.

Même si notre pays n'en profite pas autant qu'il le devrait, la croissance de l'industrie de la frite est une excellente nouvelle pour l'agriculture du nord de la France. La meilleure depuis bien longtemps, alors que les difficultés s'amoncellent depuis une dizaine d'années, et surtout depuis la calamiteuse récolte de 2016.

Mais il semble que l'agriculture française reste prospère puisque les producteurs continuent d'aller trouver les transformateurs en ordre dispersé. À moins qu'il s'agisse d'un signe de désarroi ? La construction d'une offre structurée n'a décidément pas ruisselé dans les mentalités.

Difficultés commerciales

Notre expertise commerciale constitue notre meilleur atout, mais elle ne nous met pas à l'abri de mésaventures.

Nous vendions des pommes de terre depuis plusieurs années à une coopérative italienne qui les rétrocédait à de petits fabricants de chips de la péninsule. Un jour, les paiements sont en retard, mais le collaborateur chargé de suivre ce client au plan commercial n'a pas pris conscience du danger que cela représente. La veille d'un long week-end, les Italiens téléphonent à Marchais. Ils ont un besoin urgent de pommes de terre. Un de leurs fournisseurs vient de leur faire faux bond. Ils demandent d'anticiper les livraisons. De si bons clients ! Des relations si fluides ! Et la raison d'être d'Expandis, n'est-elle pas la satisfaction des clients ? Entendu. Le collaborateur met tout en

64. 2014 est l'année de démarrage de l'usine de chips d'Altho à Pouzin.

œuvre pour dépanner les Italiens et trouve un adhérent réactif qui travaillera le week-end entier pour honorer cette demande.

On n'entendra plus jamais le téléphone sonner... ni être décroché. Nous découvrons que cette coopérative n'en est pas vraiment une. Nous obtenons sa mise en cessation de paiement par un tribunal, mais les actifs saisissables ont disparu. Notre assureur crédit nous dissuade d'aller plus avant, car « on est au sud de Rome ». Nous apprendrons bien plus tard que les aigrefins n'en étaient pas à leur premier coup, ce qu'aucun renseignement commercial n'avait évidemment révélé. Il paraît qu'ils viennent de monter un nouveau négoce. Attendons deux ou trois ans...

L'escroquerie est caractérisée, mais nous avons commis une erreur manifeste en ne mettant pas en place une procédure parfaitement rigoureuse pour sécuriser notre activité commerciale. Rapidement, nous construisons un cadre de gestion en cohérence avec nos encours d'assurance-crédit à l'intérieur duquel l'activité des collaborateurs peut librement se déployer. En dehors de ce cadre, les décisions sont du ressort du directeur et du conseil d'administration.

Nous avons réagi un peu tard, mais bien nous en a pris. Nous fournissons Sibell depuis le début des années 1990. La relation n'a jamais été tout à fait simple. Si le taux de tare a toujours été un sujet de discussion, dans l'ensemble le contrat se révélait intéressant. L'usine de Sibell a brûlé en 2008, mais l'activité a repris normalement. L'exécution des contrats avec ce client nécessite un suivi des plus attentifs. Une année de faible production Sibell exige que nous fournissions tous les tonnages prévus. Nous nous exécutons pour apprendre un peu plus tard qu'une partie des pommes de terre a été revendue au prix fort à des fabricants de chips espagnols et anglais. Pas chic mais légal. L'année suivante la récolte est abondante et le prix de marché bien inférieur aux contrats. C'est le risque des contrats. C'est le jeu, mais Sibell décide de tricher. Malgré nos relances régulières, une partie des pommes de terre nous reste sur les bras. Sur fond d'arguties juridiques, Sibell refuse de payer ce qu'elle a pris et d'indemniser ce qu'elle aurait dû prendre.

Plus de vingt ans de relation commerciale ruinés. Nous faisons tout pour trouver une solution amiable. Impossible de nous entendre. Il nous faudra passer par de multiples juridictions, cette fois avec le soutien entier de notre assureur crédit. L'affaire, tout comme celle du *chitwoodi* précédemment, finit par tenir une place bien trop importante dans nos réunions et dans l'emploi du temps du directeur. Finalement, grâce à notre intransigeance, nous obtenons la quasi-totalité de ce que nous voulions au bout de trois ans, quelques mois avant le dépôt de bilan de Sibell.

Depuis, cette société, après avoir été placée en redressement judiciaire, après une cession annulée par le tribunal de commerce à un investisseur impécunieux, a été vendue au groupe Marbour. Il y a tout lieu de penser que sa gestion a radicalement changé et que ce genre de mésaventure ne pourra plus se reproduire.

Encore des projets

Le monde du légume et de la pomme de terre ne cesse d'évoluer. Nous travaillons toujours avec conviction à la structuration de l'offre. La conserverie de Verdun-sur-le-Doubs ferme. Cette région est trop loin des autres usines d'appertisation pour continuer d'y produire des carottes ou des légumes verts. En revanche ce territoire est idéalement placé pour expédier des pommes de terre en Italie. Nous collaborons deux ans avec les producteurs de Saône-et-Loire, mais leurs terres ne sont finalement pas aussi bien adaptées que nous l'avions cru et leur motivation se révèle modeste. Nous n'irons pas plus loin.

Légumes « bios »

De manière anecdotique, faussement ingénue, à la fin d'une entrevue commerciale, un client - puis deux, puis trois, - demande : « *Et à côté de nos contrats habituels, pourriez-vous nous fournir aussi des légumes "bios" ?* » Il ne s'agit pas d'une proposition ferme, mais d'une sorte de sondage de nos disponibilités. Pour la première fois, je dois faire un grand écart entre mes convictions et l'intérêt de la coopérative[65]. Comment ne pas chercher à répondre aux vœux d'un client ? Dans les années 2000, le « bio » est de moins en moins anecdotique dans le rayon des légumes frais. Va-t-il s'immiscer dans celui des légumes transformés ? La question est légitime. La croissance y sera probablement moins rapide que dans le frais puisque les véritables adeptes du « bio » sont peu attirés par les conserves ou le surgelé. Mais il convient d'être prêt à satisfaire une éventuelle demande, d'anticiper.

À ce jour, Expandis n'a poussé personne à adopter ce mode de culture mais a testé la production de légumes chez un adhérent qui cultive partiellement en « bio ». Comme c'était prévisible, les résultats sont chaotiques. Le désherbage, très compliqué, ne peut être manuel[66]. Contrairement au marché de frais, celui des légumes transformés n'en supporterait pas les coûts. Rares sont les lots qui peuvent être livrés dans de bonnes conditions. Embrouillamini de racines d'adventices, attaques de parasites, maladies du feuillage incontrôlables. On oscille entre mauvais rendements et refus des clients pour qualité inadaptée. Impossible de fiabiliser ou de sécuriser une filière, ce qui est la vocation même d'Expandis. L'expérience tourne court et notre

65. Voir l'appendice, p. 199.

66. https://mouscron.nordeclair.be/400278/article/2019-06-13/unique-un-engin-solaire-pour-un-desherbage-bio-geer. Comment peut-on imposer de telles conditions de travail ?

adhérent finit par limiter ses surfaces en « bio » et n'y cultive plus aucun légume.

Très récemment, Expandis s'est engagée dans un programme visant à livrer des légumes sans aucun résidu. C'est déjà une ambition qui va nécessiter un travail considérable si l'on veut y parvenir tout en maintenant la productivité. C'est l'option la plus raisonnable possible pour répondre à une demande dite « sociétale » savamment orchestrée.

Agronomie

Si le « bio » est un mirage, le progrès agronomique est une réalité à laquelle nous participons activement.

Le service agronomique d'Expandis est étoffé. Il a les moyens de mener seul les expérimentations variétales et d'étudier quelques thèmes locaux qui nous intéressent particulièrement, comme les moyens de lutte contre les nématodes libres. Néanmoins ses ressources sont limitées face à la diversité des problématiques auxquelles nous sommes confrontés. Expandis a pris depuis longtemps l'habitude de collaborer avec des organismes qui peuvent étayer et amplifier son travail et ses résultats. Nous coopérons avec l'UNILET, l'interprofession des légumes en conserve et surgelés, qui possède une station d'expérimentations dans la Somme avec laquelle nous réalisons des essais communs.

Nous travaillons avec la DRAAF, en particulier pour définir les normes d'apport d'azote applicable régionalement sur nos cultures pour lesquelles on dispose de très peu de références. Également pour revoir les stratégies aphicides tant en carottes qu'en pommes de terre. À force de rigueur intellectuelle et de persuasion, nous parvenons à faire bouger quelque peu les doctrines officielles.

La fin des avertissements agricoles, remplacés par les bulletins de santé du végétal, marque un recul de l'implication des pouvoirs publics, mais nous participons loyalement aux observations et à leur diffusion régionale hebdomadaire. Les moyens modernes de communication devraient permettre une mise à jour bien plus rapide, idéalement quotidienne, gage de réactivité et d'efficacité.

Nous nous associons souvent à Agrotransfert, une structure émanant du conseil régional, chargée, comme son nom l'indique, de faciliter le transfert de la recherche vers les opérateurs de terrain, coopératives ou chambres d'agriculture. Une structure originale et intéressante à laquelle je me suis par ailleurs consacré de nombreuses années pour le compte de la Fédération régionale des coopératives. Agrotransfert mobilise des acteurs régionaux autour d'un thème fédérateur qui est étudié pendant une période convenue, souvent trois ou quatre ans.

Avec Agrotransfert, nous avons d'abord analysé la dynamique de l'azote dans les parcelles de pommes de terre, travail qui a débouché sur un livre qui est l'un des meilleurs ouvrages d'agronomie qu'on ait publié sur l'azote. Nous avons ensuite, dans le sillage d'une université écossaise, modélisé les cultures de pommes de terre en fonction de tous les paramètres envisageables.

Nous avons aussi pris part à une étude, accompagnée d'une démonstration, portant sur la protection intégrée des légumes. Si les échanges entre producteurs ont été fructueux, force est de reconnaître que nous ne sommes parvenus à aucune innovation. Pour dire les choses autrement, nous avons constaté que nous pratiquions déjà les méthodes de protection les plus intégrées possible.

Le principal ennemi des pommes de terre est toujours le mildiou. Dans les années 1850, à cause de ce champignon, un million d'Irlandais sont morts de faim et deux millions ont dû quitter leur pays pour se réfugier aux États-Unis. Un quart de la population irlandaise a disparu en dix ans. Bien des malheurs de l'humanité ont pour origine des maladies des plantes. Nous luttons contre le mildiou avec les meilleures armes disponibles, c'est-à-dire des fongicides de synthèse. Encore faut-il les utiliser au mieux. Nous participons avec Arvalis[67] à la modélisation du cycle du champignon dans chaque parcelle afin de préciser la date idoine de traitement.

Les progrès de la mécanisation permettent de renouveler les pratiques de préparation de sol. En cultivant les jeunes carottes sur des billons et les grosses carottes sur des buttes, les rendements progressent de 15 à 20 %. Pour y parvenir, il faut modifier toute la chaîne de mécanisation.

Les nouvelles technologies révolutionnent aussi l'agriculture. Le désherbage constitue le problème majeur. Bardées de caméras, des bineuses innovantes permettent d'éliminer les adventices entre les rangs vite et bien. Expandis s'en est dotée dès que ce matériel a démontré son efficacité. Naturellement sur le rang, la pulvérisation d'herbicides reste indispensable.

Nous avons également cherché avec Agrotransfert comment utiliser l'eau de la manière la plus efficace possible pour produire des pommes de terre et des légumes. Pour ces derniers, malheureusement, aucune piste sérieuse n'est apparue. En pommes de terre en revanche, et c'est tout à fait contre-intuitif, nous avons montré qu'il fallait satisfaire les besoins en eau de la plante dès la tubérisation, quitte à devoir la laisser souffrir lors du grossissement des tubercules.

Nous progressons, pas à pas, cherchant à utiliser les meilleures techniques innovantes, dès lors que nous en avons testé la fiabilité. Pragmatiquement, sans tarder ni prendre nos désirs pour des réalités.

---

67. Arvalis, l'Institut du végétal chargé par l'interprofession des pommes de terre des recherches et des expérimentations.

L'accès à l'eau

On s'en souvient, c'est l'installation de l'irrigation qui a permis le décollage des cultures de légumes dans les sables de Sissonne. À présent, l'irrigation est un moyen de production obligatoire, contractuel, aussi bien en pommes de terre qu'en légumes. Compte tenu des nécessaires rotations, nos cultures sont irriguées par aspersion. C'est le système le mieux adapté, mais il comporte un inconvénient : il est visible par tous nos concitoyens. Il suscite des émotions, des discussions animées, des indignations faciles. Le sujet n'est pas nouveau.

Au début des années 1980, un 14 juillet, le puits communal de Monceau-le-Waast, près de Laon, se trouve soudain à sec. Plus d'eau au robinet des villageois qui peuvent voir de leur fenêtre cracher les canons d'enrouleurs. Indignation. Réflexe de la préfecture : interdire les pompages agricoles dans les communes voisines.

La nappe phréatique de la craie est très abondante et bien fissurée, mais en utilisant un puits on introduit de l'air et par conséquent du dioxyde de carbone au niveau des fissures, qui finissent par être colmatées par du carbonate de calcium. Inexorable. Dans un puits colmaté, on ne peut plus pomper d'eau alors que le niveau de la nappe reste inchangé. Le phénomène est classique dans notre région. Il oblige à déplacer les puits de quelques mètres pour retrouver la productivité initiale. Une opération à réaliser régulièrement, tous les 40 à 80 ans.

Chargé de l'eau pour le compte du syndicat agricole de l'Aisne, je demande à rencontrer celui qui s'en occupe à la préfecture. J'ai à peine le temps de commencer mon explication qu'il m'interrompt : « *Vous avez raison, monsieur Klein.* » Stupéfaction de ma part puisqu'il vient de faire interdire l'irrigation. Je lui propose la solution qui me semble la plus logique et la plus pragmatique : « *Faites ravitailler la population par les pompiers, le temps de creuser un nouveau puits et laissez les irrigants travailler puisqu'il n'y a aucun problème de ressource en eau.* » Réponse immédiate : « *Impossible, la population ne le comprendrait pas, ne l'accepterait pas.* » Fermez le ban. C'était il y a trente ans ou plus. Déjà l'administration pliait devant une demande dite « sociétale » alors même qu'elle disposait de tous les arguments techniques et scientifiques nécessaires à une pédagogie argumentée.

Démonstration est faite : les meilleures justifications techniques sont vaines si elles ne sont pas relayées par une communication professionnelle. Les agriculteurs ont toujours aimé la technique. Celle-ci est indispensable. La base de tout raisonnement. Mais elle est insuffisante.

La suppression des quotas betteraviers est accompagnée par la proposition de budgets exceptionnels destinés à des investissements agricoles. La chambre d'agriculture de l'Aisne a l'excellente idée d'en consacrer une partie à la modélisation de la nappe phréatique de la craie. Il s'agit de réaliser un maillage de notre territoire sur une base de quatre hectares et de pouvoir simuler l'effet de la météorologie et des pompages sur le niveau de la nappe et des rivières dans chacune de ces unités. L'étude est réalisée par le BRGM[68], le bureau d'études le plus réputé en la matière. Le comité de pilotage réunit l'Agence de l'eau Seine-Normandie, la préfecture, le département, la direction départementale des Affaires sanitaires et sociales, etc. Tous les établissements publics qui ont affaire avec l'eau. Toutes les garanties sont ainsi prises pour rendre les résultats de l'étude incontestables.

Celle-ci nous apporte la confirmation scientifiquement étayée de ce que nous savions de manière empirique : notre nappe est exceptionnellement productive et abondante. Si abondante que l'effet de l'irrigation sur son niveau est du

---

68. BRGM : Bureau de recherches géologiques et minières. C'est le service géologique national de la France.

même ordre que la marge d'erreur du modèle. Au pire un à deux centimètres. Pas de quoi asphyxier un brochet.

Le résultat nous permet de justifier l'irrigation devant les services de la préfecture. Lors des dernières années sèches, les arrêtés de restriction ont été bien moins limitatifs, sévères, absurdes, castrateurs, dans l'Aisne que dans les départements voisins. Jusqu'à quand ?

Malgré les preuves irréfutables apportées par ce modèle, unique en France par sa précision, nombreux sont nos concitoyens qui s'alarment de nos pratiques dès que le niveau des rivières vient à baisser de quelques centimètres. Ils savent le faire savoir. La préfecture est inondée de lettres de protestation ou de dénonciation, et elle y est sensible.

Prudemment, à juste titre, la chambre d'agriculture de l'Aisne travaille à présent à une proposition de gestion quantitative de l'eau. Techniquement incohérent mais démagogiquement nécessaire.

À l'écoute des adhérents

Pas facile d'écouter sans distorsion le ressenti des adhérents. Les membres du conseil ont parfois l'impression que tout le monde râle. Naturellement, les producteurs s'adressent aux administrateurs lorsqu'ils ont un problème, une récrimination. Pour en avoir le cœur net, à l'occasion d'une assemblée générale, nous demandons une étude à un cabinet spécialisé.

Surprise, l'image que les adhérents renvoient de leur coopérative s'avère très positive. Le service technique est plébiscité, tout comme la fiabilité de notre commerce et l'équité de nos pratiques. Satisfecit.

La principale critique porte sur le délai de réception des analyses qualitatives par les clients. Délai effectivement excessif qui paralyse toute tentative de correction au champ ou à la ferme. Sujet qui nous amène à régulièrement interpeller nos clients. Sans résultat probant. Difficile de le comprendre à une époque qui se targue de communiquer instantanément. Difficile de le concevoir puisque toute la filière y gagnerait. Inattention de certaines usines ? Certaines sont parfaitement réactives[69], d'autres négligentes malgré nos rappels.

Une autre insatisfaction concerne l'organisation des déstockages. Une enquête systématique nous permet d'améliorer les procédures, mais les aléas demeurent toujours nombreux.

La meilleure connaissance de la perception qu'ont les adhérents d'Expandis nous permet aussi d'adapter notre communication, tant auprès des producteurs qu'en direction des prospects. Le renouvellement du site internet en est la conséquence la plus visible.

La certification à la ferme

Inéluctablement la certification, devenue la norme dans l'industrie et le commerce, devait concerner un jour ou l'autre l'agriculture. Dès 2001 des clients nous demandent que les producteurs soient certifiés selon les normes internationales EurepGAP.

Sur le juteux marché des normes, la bataille fait rage. Coop de France cherche à développer Agri Confiance. L'État a créé le Label Rouge et les appellations d'origine contrôlée ou protégée. Les distributeurs tentent leur chance individuellement, par exemple Carrefour avec sa Filière Qualité. C'est finalement EurepGAP, devenue GlobalGAP, qui l'emporte. Introduite par une plateforme de distributeurs européens, cette norme de traçabilité, fondée sur les bonnes pratiques agricoles - GAP signifie « *Good Agricultural Practices* » - et les principes de prévention des risques, s'est mondialement imposée.

Certaines organisations agricoles - je me souviens d'un grand négoce de pommes de terre de frais particulièrement

69. McCain et Frito-Lay par exemple envoient leurs résultats dès le lendemain.

exaspéré - y ont vu une ingérence inadmissible dans leur « secret de fabrication ». Pour ma part, je n'y ai relevé qu'une paperasserie supplémentaire, inutile en soi puisque les normes européennes rendent légale la quasi-totalité des points abordés par cette certification, mais nécessaire si un client l'exige. Nous avons réussi à l'éluder jusqu'en 2011. Cette année-là, nous avons dû nous y conformer. Un coût additionnel à la façon des normes ISO, mais un sésame indispensable pour accéder aux rayons de certains distributeurs et par conséquent aux usines de certains transformateurs.

La plupart des fermes produisant des légumes ou des pommes de terre dans le monde sont certifiées GlobalGAP. Nous aussi, et cela n'a rien changé à nos pratiques.

Sécurisation des adhérents

Nos contrats permettent de sécuriser les prix auxquels sont vendus légumes et pommes de terre, mais non de profiter d'éventuelles hausses de prix ni de garantir les volumes produits. Expandis cherche à innover pour répondre à ces deux questions.

Certains adhérents regrettent de passer à côté des opportunités de marché. Ils ont raison. Une fois nos contrats signés, nous ne pouvons plus bénéficier des éventuelles hausses de prix. Comme celles-ci sont causées par des récoltes insuffisantes, ils ont l'impression de subir une double peine, oubliant trop vite que les années d'abondance ils profitent de prix que le marché n'offre plus. Comment leur répondre sans lâcher nos contrats ?

Tout se tient dans le monde des productions végétales. Les prix des différentes cultures sont interdépendants. Dès qu'une production apparaît plus rémunératrice, de nouveaux acteurs surgissent et les rentabilités s'homogénéisent. En Europe, le blé occupe la plus grande surface. C'est donc son prix qui oriente celui de toutes les autres cultures. Par conséquent, pour saisir les opportunités en pommes de terre, nous proposons, aux adhérents qui le souhaitent, d'acheter des *calls*[70] sur le marché à terme du blé proportionnés à leur surface de pommes de terre.

Ce système est expérimenté quelques années mais il n'a jamais prouvé son efficacité. Le coût des *calls* n'est pas négligeable, et la configuration du marché manifestant une hausse considérable entre les plantations des pommes de terre et leur récolte pas assez fréquente pour rentabiliser ce type d'assurance. Nos contrats demeurent notre meilleure protection.

La créativité des assureurs est sans limites. Grâce aux relevés météorologiques précis, ils peuvent assurer contre des phénomènes comme des températures ou des précipitations trop basses ou trop élevées, ceci pendant des laps de temps définis. Avantage majeur, c'est le phénomène lui-même qui déclenche l'indemnisation et non la constatation de dégâts avérés comme dans les assurances traditionnelles. Nous étudions avec un courtier spécialisé un tel système pour nos cultures. À nouveau le coût des primes nous apparaît excessif et nous ne concrétisons pas ce projet.

Décidément, les contrats constituent bien la meilleure sécurisation des adhérents. Les intérêts d'autres méthodes ne justifient pas les frais qu'il faut engager.

Communication externe

Nos concitoyens connaissent mal - c'est un euphémisme - les coopératives agricoles. Coop de France caresse depuis longtemps l'idée de promouvoir nos spécificités. Belle intention. Des années passent à trouver un financement suffisant sur une base équitable. Une association est finalement créée. Il nous

70. Un *call* est une option d'achat. Celle-ci permet d'acheter un bien à un prix fixé à l'avance et à une date déterminée. Si le bien sous-jacent vient à augmenter, la valeur de l'option progresse fortement. S'il baisse, elle ne vaut plus rien. Un *call* est donc une assurance contre la hausse du prix du sous-jacent.

en coûte 8000 euros par an. Nous y souscrivons sans hésiter alors que des coopératives dont le chiffre d'affaires se compte en milliards d'euros rechignent. Ont-elles honte de leur statut ?

Nous adhérons au projet parce que nous avons obtenu la garantie expresse du président de Coop de France que jamais, au grand jamais, cette communication ne tournerait à la publicité de marques commerciales. Assurance plusieurs fois réitérée. Las, le président de Coop de France change et la promesse est oubliée. À la place de la promotion d'une éthique originale et peu connue, les principales coopératives contributrices obtiennent la mise en avant de leurs produits. Message brouillé qui ne nous concerne plus. Dès la fin de notre engagement, nous cessons de participer. Très vite l'association est dissoute faute d'intérêts communs entre ses adhérents.

Le grand public a oublié jusqu'à l'existence des coopératives agricoles. Coïncidence ? Notre statut est de moins en moins compris des pouvoirs publics, qui tendent à le réduire au droit commun.

En réalité, c'est tout le métier d'agriculteur qui est ignoré.

Le préfet de l'Aisne souhaite un jour venir visiter Expandis. Il nous consacre toute une après-midi. C'est l'occasion de lui présenter notre activité et de lui faire part de nos difficultés. Dans une ambiance cordiale, bienveillante et détendue, nous lui parlons de pommes de terre, de carottes et de petits pois. Tout à coup : « *Précisez-moi quelque chose, monsieur Klein, les petits pois, ils poussent au-dessus ou en dessous du sol*[71] *?* » Il n'y a pas lieu de s'esclaffer ni même de sourire. Le préfet a l'intelligente simplicité de poser cette question. Beaucoup auraient préféré se taire, ce qui aurait été la véritable sottise[72]. Comme tous les préfets ou presque, le nôtre sort de l'ENA et a suivi une carrière brillante et variée. Il est même chevalier de l'ordre du

71. À toutes fins utiles, la réponse est au-dessus !

72. « Ce qu'on sait, savoir qu'on le sait ; ce qu'on ne sait pas, savoir qu'on ne le sait pas : c'est savoir véritablement » (Confucius).

Mérite agricole ! Jamais il n'a eu l'occasion de voir des petits pois dans un champ. Ce qui est vrai pour un préfet bien formé l'est naturellement pour beaucoup de nos contemporains. Sa question montre à quel point la plupart d'entre eux ont perdu tout contact avec l'agriculture.

Autre anecdote du même ordre : lors d'une rencontre avec un acheteur de Carrefour auquel on expliquait les contraintes du stockage de céréales, celui-ci de répliquer : « *Mais pourquoi ne faites-vous pas deux moissons par an ?* »

Avant même de tenter de communiquer sur les sujets d'actualité, l'agriculture doit impérativement expliquer, encore et encore, ses fondamentaux.

Contrôles à répétition

Dans un État de droit, il est naturel que des contrôles vérifient le respect des lois et réglementations, *a fortiori* quand des subventions sont en jeu. Mais il semble également naturel que ces contrôles soient proportionnés aux enjeux. C'est loin d'être le cas.

Expandis est une OP. Les OP sont sous la responsabilité de FranceAgriMer[73], qui dépend du ministère de l'Agriculture et de l'Alimentation. Très bien. Tous les deux ans, durant deux semaines, deux inspecteurs viennent prendre leurs quartiers à Marchais et épluchent nos pratiques et celles de nos adhérents. En 2019, ils finissent par trouver une erreur en leur faveur de 6,22 euros... Ce n'est pas tout. Le ministère de l'Économie et des Finances a lui aussi son service de contrôle des OP, la MCOSA[74]. Dans le mois qui suit, deux personnes viennent pendant quatre jours nous visiter. Elles détectent qu'un chèque que nous avions adressé à un fournisseur n'a pas été encaissé. En effet, celui-ci a fait faillite et le liquidateur a tout simplement oublié ce chèque. Mais de notre côté nous avons comptabilisé cette dépense dans la valeur d'un équipement subventionnable. Erreur ! Une erreur de 3 082,96 euros amortissable sur dix ans et subventionnée à 50 %. Un redressement annuel de 154,14 euros.

Le même jour - c'est fortuit nous a-t-on assuré -, deux personnes de l'inspection du travail se présentent à Marchais. Elles réalisent un contrôle inopiné, en plus des contrôles réguliers. Rien à signaler.

Quelques semaines s'écoulent, et c'est un contrôle de la TVA. L'inspecteur est seul cette fois mais il passe trois jours dans nos locaux. Sans rien trouver d'anormal.

Ceci n'est que l'exemple d'un trimestre. Rien de scandaleux en soi, mais une grande lassitude des collaborateurs, dont le travail est désorganisé par ces interventions. Un gaspillage manifeste du temps des contrôleurs, dont les opérations pourraient avec profit être mieux ciblées. Expandis est d'autant plus surveillée que l'Aisne est pauvre en sièges sociaux tout en étant aussi bien dotée en contrôleurs que les autres départements.

---

73. FranceAgriMer : l'Établissement national des produits de l'agriculture et de la mer. Il a succédé aux anciens offices par produits.
74. MCOSA : Mission de contrôle des opérations dans le secteur agricole.

Beaucoup plus grave, le commissariat aux comptes suit une évolution inquiétante. Dans une coopérative, le directeur et ses collaborateurs sont la source exclusive des informations qui parviennent aux administrateurs. Aucune raison de les soupçonner de mauvaises intentions, mais il est évidemment indispensable de bénéficier d'un autre point de vue. C'est précisément ce rôle que tient le commissaire aux comptes. Chaque année, j'ai écouté avec grande attention les conclusions de celui-ci. Bien au-delà d'un simple contrôle, il savait mettre en perspective notre travail, donner son éclairage sur notre stratégie et notre quotidien. Il nous suggérait des pistes, portait notre attention sur des améliorations souhaitables, pointait des risques. Bref, un audit régulier d'une personne de confiance. Pendant longtemps ce fut Didier Brun. J'ai personnellement beaucoup progressé à son contact.

Les normes auxquelles les commissaires aux comptes sont soumis évoluent, de même que l'application qu'en font les uns ou les autres. Notre organisation n'est pas d'une complexité extrême, ses pratiques ne sont pas chamboulées d'une année sur l'autre. Nous sommes au contraire très stables. Pourtant, arguant de règles de qualité adoptées par le cabinet, c'est une équipe ne comptant pas moins de huit personnes qui a investi nos locaux en 2019. Son responsable est allé jusqu'à demander à Stéphane Delattre de justifier un écart d'un centime sur un compte. Extravagant !

Le coût du commissariat au compte a bien entendu explosé. Pour l'ensemble du groupe, il s'élève à 71000 euros. Les trois quarts de la prime d'assurance-crédit. 0,15 % du chiffre d'affaires. Et simultanément le conseil se trouve réduit comme peau de chagrin. Plus aucune vue globale. Une vérification tatillonne, rien de plus. Faudra-t-il que les administrateurs missionnent un cabinet supplémentaire pour disposer d'un conseil stratégique ?

Dommage qu'un si bel outil soit ainsi perverti.

Successions

Expandis est la centrale de vente de ses adhérents. Elle est là pour leur faciliter l'accès et l'adaptation au marché. Un tel projet, une telle ambition sont destinés à perdurer. Cela signifie que les générations successives de producteurs doivent s'en emparer et les faire vivre à leur façon, selon leurs aspirations et leurs contraintes. Si les valeurs demeurent intangibles, la stratégie doit être régulièrement repensée, et la tactique plus souvent encore.

Combien de temps une génération dure-t-elle ? Probablement une quinzaine d'années. Vingt tout au plus. Courant 2013, Éric Béguin et moi commençons à évoquer entre nous notre succession. Le bureau d'Expandis, nous y avons veillé, est principalement composé d'administrateurs qui ont quinze à vingt ans de moins que nous. En fin d'année, nous abordons la question en insistant sur la nécessité pour eux de parfaire leur formation. Aucune réaction.

Il nous faut donc fixer une échéance. En décembre 2015, nous faisons part de notre intention commune : nos mandats de présidents s'achèveront lors de l'assemblée générale de fin 2017. Quoi de plus navrant en effet que ces présidents qui s'accrochent à leur fonction des décennies durant au point de faire le vide autour d'eux. Qui restent en place parce qu'ils ne savent ou n'imaginent rien faire d'autre ! Même s'ils assument convenablement leur travail quotidien, ils finissent par tomber dans une routine poussive qui se diffuse dans tous les rouages au détriment des projets. Le changement de tête permet une remise en cause salutaire. Je l'avais constaté, surpris, en succédant à Frédéric Simphal. Je suis certain qu'Expandis a besoin d'un moment analogue. François Bobin est maintenant bien enraciné dans ses fonctions. Plusieurs administrateurs possèdent les aptitudes nécessaires pour prendre la tête de la coopérative. Éric Béguin et moi avons la conviction qu'ils sauront garder vivantes les valeurs que nous avons nous-mêmes reçues, défendues et promues. C'est le moment et un délai de deux ans va permettre à chacun de se préparer.

Les premiers mois, il ne se passe pas grand-chose. Puis les quatre « jeunes » décident de se rencontrer régulièrement, avec le concours de Jean-Claude Dauphin. Ce dernier connaît bien Expandis puisqu'il nous a aidés dans tous les moments difficiles. Lors de la déconfiture des usines de Vico. Lors de la création d'Expandis. Lors de la crise du *chitwoodi*. Chaque fois il a su trouver les mots qui apaisent sans édulcorer. Il va bien au-delà de son rôle de consultant, nous épaule, nous aiguille, voire nous aiguillonne, avec gentillesse et débonnaireté. Un sourire déterminé qui nous a plus d'une fois rassurés ou permis d'éviter des erreurs. Les « jeunes » ne pouvaient mieux choisir.

Quel projet ? Quelle stratégie ? Qui pour les incarner ? Au bout de quelques mois, soutenu par les trois autres, Bruno Demory se propose. Son expérience diversifiée sera une ressource novatrice. Pour l'avoir côtoyé au bureau de la coopérative durant des années, je suis ravi de ce choix. Il sera, c'est certain, un excellent leader, clairvoyant, prudent et audacieux tout à la fois.

Le groupe des « jeunes » réfléchit parallèlement à l'architecture d'Expandis. La convergence des pratiques entre Prim'allia et Covipom depuis près de quinze ans a gommé pratiquement toutes les différences. Ils choisissent de les fusionner tout en gardant l'union avec API, qui permet d'accueillir Pom'Pic et d'autres groupes qui voudraient nous rejoindre.

L'évolution des mentalités est telle, depuis la création d'Expandis, que cette fusion est votée par les assemblées générales extraordinaires de Covipom comme de Prim'allia à l'unanimité des adhérents.

Connaissant mon tempérament extraverti et un peu encombrant, je décide de quitter le conseil pour laisser toute latitude à Bruno Demory et à son équipe. Éric Béguin fait le choix inverse. Il saura faire preuve de la retenue nécessaire.

On ne sait si l'on a réussi une mission qu'au moment où elle s'achève. La transmission d'Expandis dans de si bonnes conditions est la plus belle satisfaction de ma vie professionnelle au service des coopératives.

Et maintenant

Qu'est-ce donc qu'Expandis ?

Expandis est un groupe d'hommes et de femmes, adhérents et collaborateurs, entièrement dédié à maximiser la marge des légumes, à court et moyen terme.

Expandis est une entreprise de services toute préoccupée de la satisfaction de ses clients.

Entre ces deux pôles, une intermédiation efficace qui sécurise ceux-ci et abaisse les coûts des filières. Un professionnalisme de haut niveau qui n'a pas d'équivalent en France. Étonnant. Dans les pays anglo-saxons, ce type de positionnement est banal. C'est la relation directe d'un producteur à un industriel qui est l'exception. Il est vrai que ces pays sont depuis bien plus longtemps que le nôtre accoutumés à l'économie libérale, sans intervention étatique. Les acteurs économiques y ont compris d'expérience que, pour qu'un contrat soit robuste, il fallait que les deux contractants soient libres et proportionnés. Chimérique entre un industriel et une exploitation agricole, même de grande taille. Une intermédiation de type de celle d'Expandis, qui ne prend pas forcément la forme d'une coopérative, y est donc familière.

Entre ces deux pôles, une tension qu'il faut gérer avec tact. D'un côté, comptant sur le sens du service d'Expandis, les demandes des clients peuvent évoluer exagérément d'heure en heure, faisant de la coopérative une variable d'ajustement pratique, mais provoquant une désorganisation génératrice d'irritations et de coûts indus chez les adhérents. De l'autre, s'appuyant sur la solidité de leur organisation, certains producteurs escomptent la valorisation de lots dont la qualité ne correspond à aucun cahier des charges. Ils tentent de « négocier » avec leur coopérative en arguant, sans justification probante, de l'origine commerciale des défauts.

Expandis, une puissance commerciale sans égale dans le paysage français des légumes et des pommes de terre.

Expandis, une fragilité ontologique puisqu'elle repose entièrement sur la confiance que lui témoignent, jour après jour, ses clients et ses adhérents.

Expandis, un potentiel à déployer.

Confronté à ces réalités, diriger Expandis nécessite de posséder une vision claire. D'être à l'écoute permanente des clients et d'oser parfois anticiper leurs besoins. De rappeler sans cesse avec doigté et douceur aux adhérents les règles de l'organisation puisque celle-ci n'existe que par leur discipline librement consentie De faire preuve d'une rigueur absolue dans les champs, dans les finances, dans l'équité, dans les contrats, etc. D'être attentif à toutes les personnes qui composent la coopérative.

Après plus de quarante ans de production légumière pour les adhérents originaires de Prim'allia, soixante ans de pommes de terre pour ceux issus de Covipom, notre modèle a prouvé sa résilience et ses atouts. Nombre d'exploitations agricoles, notamment dans les sables, auraient disparu sans Expandis.

La preuve est faite de l'efficacité de notre organisation. C'est un motif de satisfaction qui justifie tous les efforts consentis. Et en même temps, c'est une source de frustration. Pourquoi n'avons-nous pas réussi à croître plus rapidement ces dernières années ?

Je ne crois pas que les générations actuelles d'agriculteurs soient plus individualistes que les précédentes. Je pense en revanche que la discipline coopérative est trop souvent vécue comme une contrainte et qu'il est facile d'en oublier les bénéfices. Que les agriculteurs, comme la société entière, sont devenus court-termistes, alors même que la coopérative révèle son efficacité dans la durée en dynamisant et en sécurisant l'activité légumière. Je me souviens d'un agriculteur qui reprochait à sa coopérative céréalière de le traiter comme un numéro. Il ne voulait pas dire par là qu'il était traité comme un quidam mais qu'il n'avait aucune marge de négociation. Je trouve quant à moi que c'est très rassurant. C'est la garantie de l'équité, la garantie que la coopérative travaille au service de tous de manière indiscriminée, même si une certaine latitude reste indispensable. Négoces et industries savent donner l'illusion d'arrangements individuels. Ce qu'ils concèdent alors, ils le récupèrent naturellement par ailleurs. Une confirmation : les marges par hectare des légumes et des pommes de terre chez Expandis sont généralement supérieures aux moyennes nationales[75] et la différence pluriannuelle est significative. En réalité, les agriculteurs individualistes aiment à être cajolés. Cela flatte leur ego et leur donne le sentiment d'exister. Qu'ils en paient le prix, quoi de plus normal ?

Ces agriculteurs argumentent souvent leur splendide isolement en se parant de la qualité de chef d'entreprise. Quelle illusion ! Un agriculteur possède effectivement beaucoup des prérogatives d'un chef d'entreprise : choix de ses productions, de ses itinéraires techniques, de ses investissements, etc. Mais l'un des attributs majeurs de toute entreprise, surtout si elle fournit des commodités, c'est sa part de marché. Quel agriculteur peut prétendre disposer d'une part de marché significative - 25 à 30 % - pour exister véritablement ? Aucun. Un vrai chef d'entreprise devrait ne prendre que des décisions rationnelles. Pour maximiser ses marges en légumes ou pommes de terre, les sécuriser et atteindre des parts de marché notoires, pour être véritablement un agriculteur chef d'entreprise, la méthode la plus simple et la plus judicieuse, c'est d'adhérer à Expandis.

75. Tellement supérieures en salsifis par exemple que FranceAgriMer, l'organisme chargé de contrôler la légalité de l'activité des OP, nous a intimé de le justifier en détail lors d'un récent audit. Une expression malicieuse de reconnaissance !

Je pense également que la notion même de coopérative a été galvaudée, altérée, dénaturée, par toutes celles qui ont consacré l'essentiel de leur attention à la transformation de produits agricoles. Même si les agriculteurs qui composent leurs conseils d'administration sont des coopérateurs sincères - j'en témoigne aisément pour en avoir souvent côtoyé -, les simples adhérents, eux, voient dans ces organisations des industriels comme les autres pour lesquels ils n'ont pas d'*affectio societatis* particulière. Les organisations nationales, Coop de France[76] entre autres, sont largement dominées par ces coopératives industrielles aux intérêts multiples, pas toujours guidées par celui des producteurs. Dans leur puissant concert, il n'est pas facile de faire entendre la voix d'une coopérative comme Expandis, qui demeure ce que toute coopérative devrait être : une entreprise au service de ses clients ayant pour objectif unique la prospérité de ses adhérents.

76. Devenue la Coopération agricole.

Pour que cette voix porte mieux, il faut sans cesse faire la pédagogie de sa pratique. Si ce petit livre permet à quelques nouveaux producteurs d'adhérer à Expandis avec confiance et sens des responsabilités, alors il aura rempli son rôle.

Expandis a tout pour réussir : une équipe de collaborateurs aguerris, des producteurs expérimentés, des administrateurs jeunes, motivés, bien formés et partageant des valeurs d'efficacité et d'équité, des fonds propres suffisants pour assurer sa liberté, des installations permettant une mise en marché auprès de clients exigeants, des relations commerciales étroites, et des acheteurs fidèles.

Expandis, un outil forgé de longue date pour que légumiers et patatiers puissent prendre leur destin en main. Maintenant.

APPENDICE : CONVICTIONS PERSONNELLES

« Quelque chose ne va pas bien, notre air est propre, notre eau est pure, nous faisons tous beaucoup d'exercice, tout ce que nous mangeons est bio, nos animaux sont élevés en liberté, et pourtant personne ne vit au-delà de trente ans » (Alex Gregory, *The New Yorker*, mai 2006).

J'ai eu la chance d'être agriculteur. J'ai eu la chance de pratiquer le métier auquel je désirais me consacrer, celui pour lequel je me suis initialement formé en devenant ingénieur agronome. J'ai eu la chance de l'exercer pendant près de quarante ans. Une expérience qui m'a permis de me forger quelques convictions que je voudrais partager ici.

Réussite historique

Une époque, une civilisation, prend-elle jamais conscience de ses réalisations et de ses achèvements ? La nôtre monte en épingle des difficultés sans doute réelles mais résiduelles. En revanche elle détourne son regard de sa plus grande réussite : la conjugaison des progrès de la médecine et de ceux de l'agriculture qui a permis une progression inimaginable de l'espérance de vie. De 1900 à 2013, l'espérance de vie des Français a progressé de 75 %, passant de 47 ans à 82 ans ! Mieux encore, dans le monde, de 30 ans en 1900 on est parvenu à 72 ans en 2016. Une augmentation de 140 % !

Incroyable ! Nos générations accomplissent le rêve de toutes celles qui nous ont précédés. Ce formidable succès, c'est moins de mères mourant en couches, moins de mortalité infantile, moins de gangrène, moins de famines, moins d'épidémies ravageuses comme la peste noire, qui tua 40 % des Européens entre 1347 et 1352 ou comme la grippe espagnole qui, en 1918, fit, dans le monde, plus de morts que la Première Guerre mondiale.

Aujourd'hui, nous croyons tous, au fond de nous, que notre existence est naturellement assurée jusqu'à plus de 80 ans alors que chacun de nos aïeux a passé sa vie entière dans la compagnie quotidienne et lancinante de la mort. Une révolution copernicienne dans la façon d'être au monde s'est opérée en quelques décennies, mais qui en garde conscience ? Qui veut s'en souvenir ? Moins de mortalité, c'est moins de malheur. La promesse inédite d'un possible bonheur. Un bonheur tel qu'il permet d'oublier jusqu'à l'éventualité du malheur. Si bien que, quand un malheur survient, ce qui était le lot quotidien de nos ancêtres est ressenti comme une injustice insupportable.

L'épisode de la Covid-19 est pour notre époque un rappel inattendu et déroutant surgissant d'un passé considéré comme, légendaire, révolu, vaguement diabolique. En réalité, la médiocrité de ses conséquences en termes de mortalité sur l'ensemble de la population est précisément la preuve de la maîtrise acquise par l'humanité sur sa destinée.

L'augmentation de la durée de vie engendre naturellement un accroissement considérable de la population mondiale. De 1,6 milliard en 1900, la population est passée à 2,5 milliards en 1950 et nous sommes à présent 7,5 milliards. La population multipliée par 4,7 en 120 ans.

Aussi nombreuse que les étoiles du ciel.

Et cette population est, pour l'essentiel, suffisamment nourrie. Les famines qui ont rythmé l'histoire du monde jusqu'au milieu du XXe siècle[77], période où elles ont encore provoqué plusieurs dizaines de millions de morts, sont effacées de nos mémoires et de nos inquiétudes. Seules demeurent des crises alimentaires locales instrumentalisées par des conflits armés, comme au Soudan du Sud ou au Yémen, ou manigancées par un gouvernement dictatorial comme en Corée du Nord.

Si nombreux sont ceux qui prédisent une apocalypse climatique, rien n'indique pour l'instant une augmentation des sécheresses ni des inondations. Nous sommes en revanche bien mieux informés et mieux assurés, ce qui explique pourquoi les coûts pour les compagnies d'assurances explosent. Quant aux catastrophes environnementales comme les invasions de criquets dévastatrices de l'Afrique de l'Est, connues depuis Moïse[78], elles ne redeviennent tragiques, elles aussi, qu'à cause des guerres civiles et de la faillite des États, qui empêchent de lutter précocement contre les larves selon des techniques éprouvées depuis des décennies[79].

La production agricole globale progresse au rythme de l'augmentation des besoins de l'humanité. Réussite révolutionnaire et silencieuse qui semble couler de source. Réussite insigne susceptible d'être remise en cause chaque année. Observons le marché des céréales, céréales qui constituent l'essentiel de nos ressources en glucides. Leurs stocks mondiaux représentent ces dernières

---

77. Dans le centre de la Chine, 25 millions de morts entre 1907 et 1911, 7 à 10 millions de victimes entre 1931 et 1933 en URSS. Plusieurs millions au Bengale en 1943, 15 à 35 millions de morts dans la Chine maoïste du Grand Bond en avant de 1959 à 1961.

78. Exode 10:13-19.

79. https://www.letemps.ch/sciences/cyril-piou-contre-criquets-prevention-meilleure-reponseethttps://www.lefigaro.fr/sciences/les-criquets-pelerins-l-autre-fleau-qui-menace-l-afrique-20200410.

années, à l'époque de la soudure[80], treize semaines de consommation. En 2007, ces stocks étaient tombés à huit semaines et demie, provoquant une hausse des prix et, un peu partout, des émeutes de la faim. Une différence de quatre semaines et demie. Moins de 9 % de la production. Quatre semaines et demie qui font passer du sentiment d'abondance à l'angoisse de la pénurie. 9 % alors que la variabilité des rendements dans les grandes plaines céréalières est de l'ordre de 30 %.

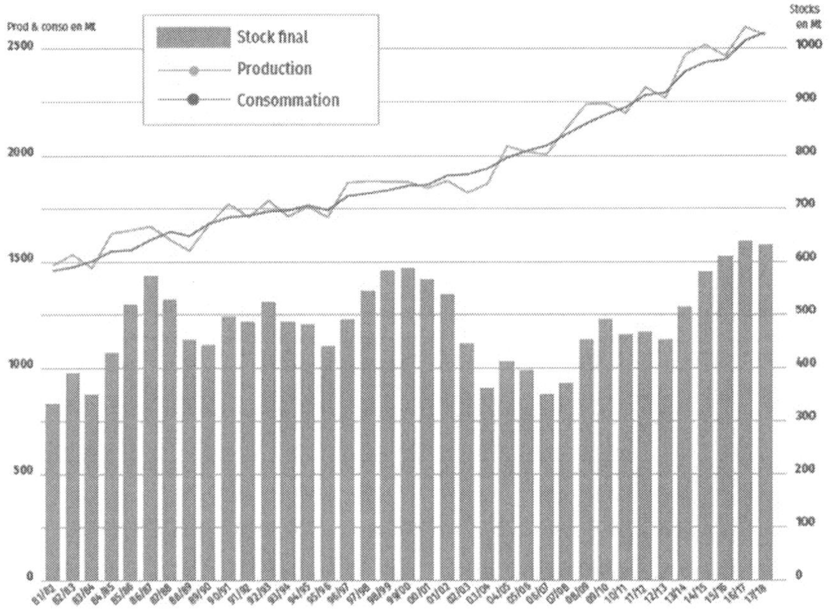

Le marché mondial des céréales

Source : https://www.passioncereales.fr/dossier-thematique/les-c%C3%A9r%C3%A9ales-en-chiffres

La progression et la régularité des productions végétales sont des enjeux géopolitiques majeurs mais elles se retrouvent rarement sur le devant de la scène puisque l'agriculture moderne assure l'approvisionnement pratiquement sans heurts depuis des lustres.

80. Période qui précède le début de la moisson dans l'hémisphère Nord. Fin mai.

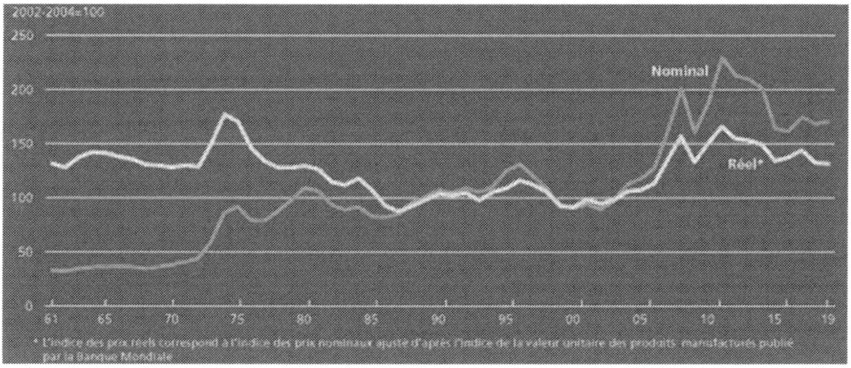

Indice FAO des prix des produits alimentaires, en termes nominaux et réels
Source : http://www.fao.org/worldfoodsituation/indice-fao-des-prix-des-produits-alimentaires/fr

Et la confiance générale est telle dans la capacité de production agricole mondiale que les prix des produits alimentaires, selon l'indice de la FAO, sont restés incroyablement stables, en monnaie constante, au long des six dernières décennies.

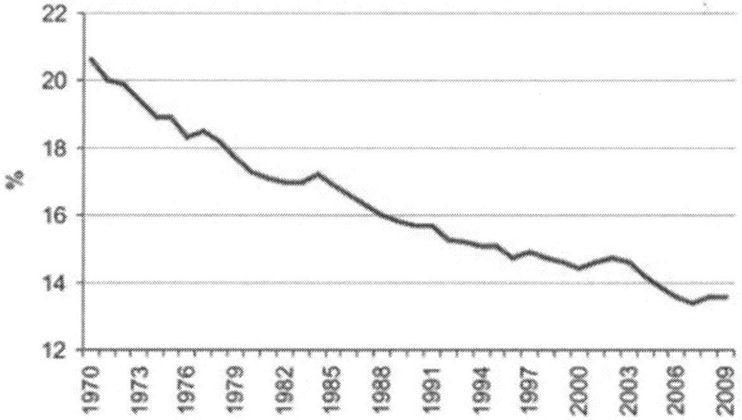

Part consacrée à l'alimentation dans le budget des ménages (comptes nationaux)
Source : Insee

Récolte après récolte, l'agriculture moderne pourvoit à notre alimentation, nonobstant les aléas climatiques. Si bien que la part du budget des ménages consacrée à l'alimentation en France, selon l'INSEE, peut constamment diminuer.

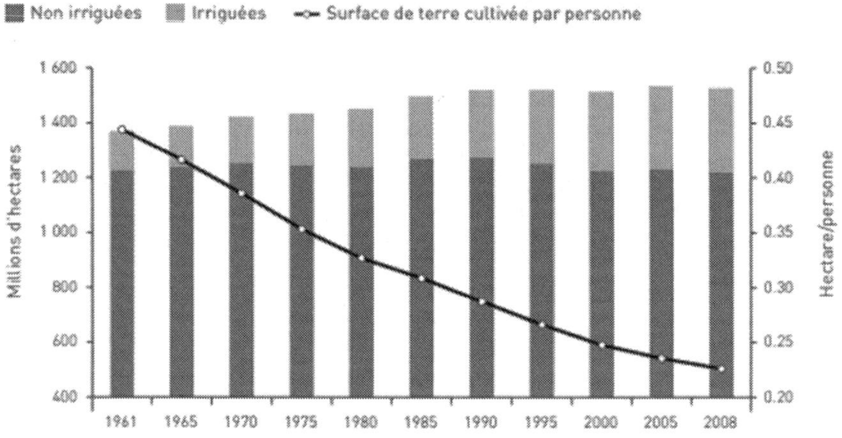

Evolution des surfaces cultivées dans le monde de 1961 à 2008
Source : FAO (2010)

Puisque les surfaces cultivées ont peu évolué, l'augmentation de la production alimentaire repose presque entièrement sur la progression de la productivité agricole. Toujours selon la FAO, en moins de 50 ans, la surface cultivée par personne est passée de 45 ares à 22 ares, surface divisée par deux alors que les calories disponibles[81] sont passées au cours de la même période de 2196 calories par jour et par personne à 2825 pour un besoin estimé à 2400 pour un adulte actif. Une efficacité agricole multipliée par 2,6 !

La spectaculaire progression des rendements de céréales en est l'un des éléments les plus emblématiques. Il convient cependant d'observer que ces dernières décennies ont été marquées par deux bouleversements majeurs. D'une part la chute de l'Union Soviétique, qui a mis fin à l'incroyable gaspil-

81. http://www.fao.org/faostat/fr/#compare.

Rendement des céréales en kg par hectare (1961-2017)
Source : https://donnees.banquemondiale.org/indicateur/AG.YLD.CREL.KG?end=2017&locations=1W&name_desc=false&start=1961&view=chart

lage de céréales par son élevage et a déclenché une amélioration remarquable des rendements en Russie, en Ukraine et au Kazakhstan. De l'autre les révolutions vertes qui ont permis à l'Inde et à la Chine, les deux premiers pays producteurs, de multiplier par dix leurs productions de blé en 50 ans. Grâce à ces deux évènements, la progression de la demande a pu être satisfaite. Ceci étant acquis, quels seront les relais de croissance dans le futur puisque la population mondiale progresse toujours ? L'augmentation des surfaces cultivées, y compris avec les terres libérées des glaces du fait de l'évolution du climat, sera loin de suffire. Il sera impératif d'augmenter encore significativement les rendements.

Démonstration est faite. L'intensification de la production est la clef. L'agriculture dite « intensive » est à la base de notre existence quotidienne et de notre avenir. Mais voici que surgit une expression étrangement insupportable, « agriculture intensive ». Inaudible pour des oreilles « sociétales » qui ont tôt fait de la diaboliser. Et sans tarder, travestissant et finissant par masquer l'intelligence de l'agronomie moderne, d'autres mots surgissent : « OGM » pour semences améliorées, « engrais chimiques » pour nutrition du sol, « pesticides » pour protection des plantes.

Du vertige éthique à l'antihumanisme « bio »

OGM. Organisme génétiquement modifié. Une bien mauvaise expression pour désigner des procédés destinés à accélérer la sélection de variétés correspondant toujours mieux aux besoins.

Aucune plante cultivée n'est « naturelle ». Inutile de chercher du blé, du maïs, des pommes de terre, des carottes ou du riz à la fois sauvages et consommables. Dès le néolithique nous nous sommes nourris de plantes modifiées par le génie de l'homme. Le génome de ces plantes cultivées est le témoin complexe et fascinant de leur cheminement à nos côtés depuis 10 000 ans. Toute une histoire fondée sur des observations attentives et des moyens empiriques. Depuis la fin du XIXe siècle, on a appliqué à la sélection variétale, c'est-à-dire au transfert de gènes, une méthode scientifique. Schématiquement, elle consiste à croiser la plante qu'on souhaite améliorer avec une autre d'une variété ou d'une espèce voisine qui possède le caractère voulu, caractère qui, d'un point de vue génétique, est l'expression d'un gène. Il faut ensuite effectuer de multiples rétrocroisements, qui peuvent durer jusqu'à une dizaine d'années, pour obtenir enfin la variété qui dispose des qualités désirées.

Ce procédé est efficient puisqu'on considère que, depuis son introduction, l'amélioration des semences explique près de la moitié de l'augmentation des rendements, mais il demeure hasardeux, long et coûteux. Il comporte en outre le risque d'introduire, avec le gène recherché, des gènes préjudiciables. Les techniques de biologie moléculaire actuelles permettent de réaliser ce transfert de gènes bien plus précisément, bien plus rapidement et avec une bien plus grande sécurité.

On est loin des premières obtentions d'OGM qui nécessitaient d'incorporer un gène bactérien. La technologie CRISPR-Cas9 s'avère d'une précision extrême. Grâce à elle on prélève strictement, à la base près, sur un brin d'ADN le gène souhaité et on l'introduit exactement à l'endroit choisi. Une révolution technique aux perspectives inouïes, notamment en médecine. Une méthode, qui constitue une avancée décisive pour l'agronomie mais qui est cependant confondue à dessein avec les technologies précédentes par ceux qui font profession lucrative, comme les désastreux « faucheurs volontaires », d'empêcher tout progrès. Tristement, le Conseil d'État vient de leur donner juridiquement raison[82].

On lit fréquement que les variétés cultivées de nos jours sont de moins bonne qualité nutritive que les anciennes. Encore une idée reçue. Les études récentes menées en Angleterre par l'institut de recherche agronomique de Rothamsted, à la renommée mondiale, montrent l'inverse. Non seulement les variétés modernes sont considérablement plus productives que les anciennes, mais leur teneur en fibre a progressé d'un tiers. *A contrario* la présence d'acrylamide, un cancérogène probable selon le CIRC, et d'asparagine, son précurseur, ont significativement diminué. Une preuve de plus qu'en agriculture, qualité nutritionnelle et productivité vont souvent de pair.[83]

Engrais chimiques. Avec chaque récolte, on exporte des champs des éléments minéraux. Ces mêmes éléments minéraux qui sont indispensables à notre alimentation. Impossible de les restituer à toutes les parcelles pour un coût raisonnable. Ce serait même parfois dangereux, car ils peuvent être, à la sortie des stations d'épuration, mélangés à des produits nocifs tels

82. https://www.conseil-etat.fr/ressources/decisions-contentieuses/dernieres-decisions-importantes/conseil-d-etat-7-fevrier-2020-organismes-obtenus-par-mutagenese.
83. www.lafranceagricole.fr/actualites/cultures/evolution-varietale-le-ble-moderne-a-plus-davantages-pour-la-sante-que-lancien-1,13,3461964631.html

que les métaux lourds. Heureusement on trouve ces éléments à l'état naturel en abondance dans des mines et des réactions chimiques simples permettent de les rendre utilisables par les plantes en leur donnant la même forme que celle présente dans les sols.

Quant à l'azote, qui représente 78 % de l'air que nous respirons sous forme de diazote, il est indisponible pour les racines. La synthèse d'azote assimilable est l'une des composantes essentielles de l'augmentation de la production agricole. La dynamique de l'azote dans les sols étant désormais bien connue, les fuites de nitrates sont maintenant maîtrisées. Ces fuites ont pu jadis avoir un impact environnemental mais - malgré des idées reçues fréquemment réitérées - aucunement un effet néfaste sur la santé humaine[84].

« La plupart des occasions de trouble du monde sont grammairiennes[85]. » Intéressons-nous au mot « pesticide ». Un anglicisme qui passe inaperçu, propre à générer une singulière angoisse en parvenant tel quel dans notre langue. « -Cide », présent dans bien des mots français, vient du latin *cædere* qui signifie tuer. Le préfixe « pest- », quant à lui, évoque la « peste » et renvoie à une peur enfouie mais pas totalement oubliée. Pesticide. Un mot bien mal formé, puisque « *pest* » en anglais signifie simplement parasite, ravageur des cultures. Un *pesticide*, traduit en français, est donc un « produit de protection des plantes ».

Bien moins évocateur ! Bien moins dramatique ! Mais voici que pour certains la biodiversité serait en jeu. Effectivement, ces produits ont pour effet de privilégier le développement de certaines espèces au détriment d'autres. C'est leur fonction. C'est la définition même de l'agriculture que de favoriser par des moyens humains les plantes cultivées. Il existe quelques cas où l'association de deux ou de plusieurs plantes est agronomi-

84. http://www.institut-environnement.fr/download/La%20France%20agricole%20dossier%20nitrates.pdf.
85. Montaigne, *Essais*, II, 12, 1580.

quement pertinente, mais ils sont, en surface cultivée, extrêmement limités. La biodiversité constitue une richesse si l'on prend en compte l'ensemble d'un paysage. Elle est proscrite à l'échelle de la parcelle de grande culture[86].

Tous les faits incontestables concernant la production agricole nécessaire à l'humanité qui viennent d'être présentés sont balayés par une peur et une ignorance qui se nourrissent l'une de l'autre. L'agriculture intensive, les OGM, les engrais, la chimie sont les ennemis désignés de nos contemporains et de notre planète si l'on écoute la *vox populi.* La cause est entendue dans une posture d'enfant gâté. Le « bio » est devenu le nouveau paradigme, la nouvelle terre promise. Une drôle de terre promise où ne coule plus ni lait ni miel, mais la perspective de pénuries quotidiennes.

Comment a-t-on pu en arriver là ?

Le « bio » s'est construit en réaction à l'agriculture moderne. Certains croient y voir un retour à l'agronomie. Quelle erreur ! Elle n'a jamais été délaissée. De l'agronomie, c'est précisé-

86. « Biodiversité », encore un mot piège. La biodiversité dont il vient d'être question concerne la diversité d'espèces végétales concurrentes sur une même parcelle de culture. Bien entendu, cette parcelle abrite également de multiples autres formes de vie, encore mal inventoriées, qu'il convient de soutenir pour exprimer au mieux le potentiel de la plante cultivée.

ment ce que j'ai pratiqué quotidiennement tout au long de ma vie professionnelle. C'est le volet le plus plaisant, le plus passionnant et le plus complexe de notre métier, au croisement, comme la médecine, de la science et de l'art, de l'intuition et de l'expérimentation, de la rigueur et du pragmatisme. Une réflexion permanente afin d'utiliser de façon avisée toutes les ressources du génie humain au service de notre alimentation. Aucun agriculteur moderne n'a jamais pu la négliger.

En réalité le « bio » n'est pas un retour à l'agronomie mais un retour à une « nature » chimérique, idéalisée et idolâtrée, qui court tout au long de l'Histoire. Dès la Genèse, si le sacrifice de Caïn, le cultivateur, est refusé par Dieu, c'est qu'il serait le fruit de la cupidité et du lucre alors que celui d'Abel, le juste, le pasteur, est agréé, car il serait obtenu selon les lois naturelles[87]. Une peur des hommes envers l'homme qui traverse l'Histoire. Une lignée qui va de Lao-tseu[88] et de Mahâvîra[89] à Ivan Illich[90] et Lanza del Vasto[91] en passant par saint François d'Assise, Jean-Jacques Rousseau, Thomas Malthus[92], Henry-David Thoreau[93]

87. F. Josèphe, *Les Antiquités judaïques*, livre I, 37-39. Flavius Josèphe est un historiographe romain d'origine juive du premier siècle de notre ère.

88. Lao-tseu : fondateur plus ou moins légendaire du taoïsme, sagesse quiétiste chinoise.

89. Mahâvîra : vingt-quatrième et dernier des tirthankaras, les passeurs de gué du jaïnisme, une religion quiétiste indienne.

90. Ivan Illich (1926-2002) : prêtre catholique défroqué, inventeur du concept de « contre-productivité », adversaire de la société industrielle et des écoles qui sont à son origine.

91. Lanza del Vasto (1901-1981) : disciple chrétien de Gandhi, objecteur de conscience, pacifiste, adepte de la traction animale, figure emblématique de la lutte contre l'extension du camp du Larzac et l'énergie nucléaire.

92. Thomas Malthus (1766-1834) : pasteur anglican et économiste. Convaincu que la population augmente de façon exponentielle alors que les ressources ne progressent que de manière arithmétique, il prône la régulation volontaire des naissances et l'arrêt de l'aide aux nécessiteux. Sa théorie est heureusement démentie par les faits.

93. Henry-David Thoreau (1817-1862) : Américain auteur de *Walden ou la Vie dans les bois*. Solitaire, adepte d'une vie simple, végétarien, promoteur de la désobéissance civile et de la non-violence. L'environnementalisme a fait de lui l'une de ses figures tutélaires.

ou Julian Huxley[94]. Tous sont terrifiés par les conséquences potentielles des pratiques humaines. Les conflits de toutes sortes et les malheurs qui s'ensuivent ont trop souvent justifié leurs appréhensions. Face à l'hubris du Kali Yuga, ils proposent, chacun selon sa sensibilité, un retour à l'âge d'or au sein du paradis perdu.

Une simplicité qui semble si simple.

Si ce point de vue éthique trouve toujours sa pertinence sur un plan personnel et spirituel, il devient mortifère si l'on s'y tient improprement pour penser l'alimentation de notre époque.

Les termes de l'équation des environnementalistes sont clairs. Refus d'étendre les terres cultivées sous prétexte que

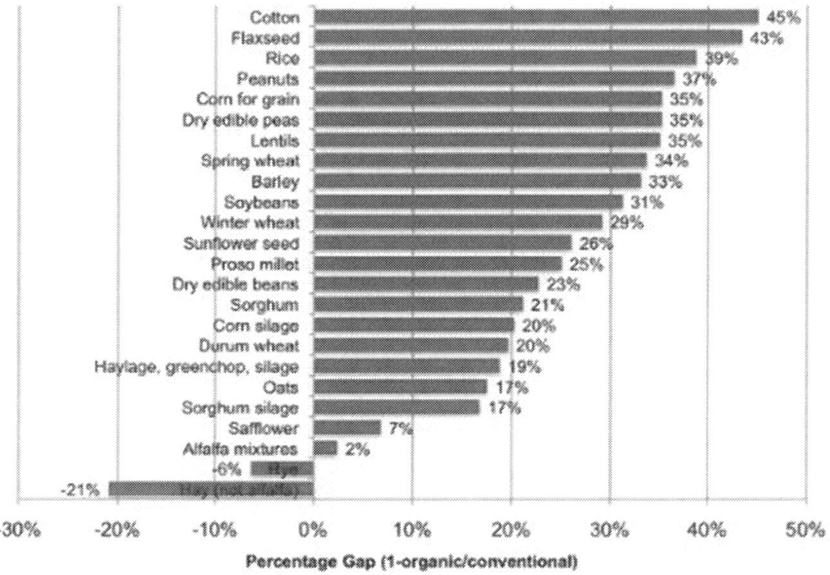

Écart de rendement entre les cultures « bios » et les cultures conventionnelles aux États-Unis

Source : https://www.google.com/search?rlz=1C1GGRV_enFR753FR761&q=usda+organic+conventionnel&tbm=isch&source=univ&sa=X&ved=2ahUKEwi8qfr2w7_mAhVsQUEAHRaBCIwQsAR6BAgKEÆ#imgrc=XYeEOfNuPK8XfM.

94. Julian Huxley (1887-1975) : biologiste, frère du génial Aldous Huxley, il est un théoricien de l'eugénisme et l'un des fondateurs du World Wildlife Fund (WWF), le Fonds mondial pour la nature.

Espèces	Ratio AB / AC		
	France AgriMer 2001[a]	France AgriMer 2012[a]	Étude Ecophyto R&D[b]
Blé tendre	0,47	0,45	0,4-0,5
Maïs	0,56	0,70	0,6-0,9
Orge	0,47	0,47	0,4
Triticale	0,66	0,64	0,5
Féverole		0,49	0,6-0,7
Pois		0,57	
Colza		0,59	0,1-0,7
Tournesol		0,82	0,6-1,0
Soja		0,86	0,8-0,9

[a] *Ratios du rendement AB / AC calculés en rapportant les rendements moyens en AB fournis par FranceAgriMer aux rendements moyens en AC établis par Agreste, années 2011 et 2012.*

[b] *Ratios évalués par les experts de l'étude Ecophyto R&D sur la base de la littérature complétée par leur expertise propre, sans référence à une année précise ; Source : Butault et al. (2010).*

Ratios du rendement AB/AC dans l'hexagone pour quelques productions végétales à partir de différentes sources nationales

Source : https://www.strategie.gouv.fr/sites/strategie.gouv.fr/files/archives/rapport-INRA-pour-CGSP-VOLUME-1-web07102013.pdf. AB : Agriculture « biologique ». AC : Agriculture conventionnelle

ce serait larguer du CO_2 dans l'atmosphère et par conséquent agresser la biodiversité et le climat. Refus d'utiliser des semences OGM, des engrais chimiques et surtout des produits issus de synthèse artificielle. Conséquence inéluctable : la production agricole ne peut que s'effondrer.

Les tableaux ci-dessus le montrent clairement : aux États-Unis la baisse de productivité du blé « bio » par rapport au blé cultivé selon les techniques « conventionnelles » est de 30 %. En France, de 50 %. En outre, les aléas de rendement du « bio » exigent des stocks de sécurité bien plus conséquents. Ni le régime vegan, qui se rapproche dangereusement de la malnutrition, ni l'élimination des pertes, qui sont trop facilement appelées gaspillages, ne peuvent rétablir l'équilibre. La consommation raisonnable de viande a partout permis une amélioration claire de la santé. Quant au stockage et à la distribution des aliments, ils constituent des défis posés aux hommes depuis la nuit des temps.[95] Des techniques modernes permettent petit à petit de réduire les déperditions, mais on ne parviendra pas à les éradiquer d'un coup de baguette magique. Il faut donc produire à due proportion, c'est-à-dire significativement plus que la consommation finale.

Puisqu'on refuse d'étendre les terres cultivables, puisqu'on s'ampute de techniques éprouvées, puisque la production alimentaire va violemment décroître, il ne reste plus qu'une variable d'ajustement : la population. Il faut qu'elle diminue. Drastiquement. Le retour du malheur qui a marqué quotidiennement la vie de nos ancêtres. Les plus exaltés des environnementalistes ne se dérobent pas.

« *Dans le cas où je serais réincarné, je voudrais revenir en tant que virus mortel, pour contribuer à résoudre la surpopulation*[96]. » C'est ce que déclare le prince Philip d'Édimbourg, l'époux de la reine Élisabeth d'Angleterre en 1988, alors qu'il préside le WWF International, le Fonds mondial pour la nature, fondé par Julian Huxley. C'est cynique mais clair. Tout est dit. Enfin un représentant autorisé qui avoue. Peut-on encore prétendre que l'environnementalisme est un humanisme ? Peu de nos contemporains savent que ce sont ces idées, ces projets, qui se cachent derrière le gentil panda du logo du WWF et, heureusement, très peu assument ces discours. Il n'empêche que ces

95. Par exemple dans la parabole des sept vaches grasses et des sept vaches maigres de l'histoire de Joseph (Genèse 41: 1-36).

96. https://www.theguardian.com/lifeandstyle/2009/jun/21/quotes-by-prince-philip. Voir aussi au sujet de l'ARC (Alliance of Religions and Conservation) : https://www.la-croix.com/Religion/Climat-les-Eglises-battent-le-rappel-pour-la-COP21-2015-06-12-1322776.

propos sont logiques, cohérents et inéluctablement déduits de ce qui précède.

Le commandant Cousteau de son côté ne dit pas autre chose : « *L'élimination des virus relève d'une idée noble, mais elle pose à son tour d'énormes problèmes. Entre l'an 1 et l'an 1400, la population n'a pratiquement pas changé. À travers les épidémies, la nature compensait les abus de la natalité par des abus de mortalité. Nous voulons éliminer les souffrances, les maladies, l'idée est belle, mais n'est peut-être pas tout à fait bénéfique sur le long terme. Il est à craindre que l'on ne compromette ainsi l'avenir de notre espèce. C'est terrible à dire, il faut que la population mondiale se stabilise et, pour cela, il faudrait éliminer 350 000 hommes par jour*[97]. »

Quant à Robert Ehrlich, parrain des Amis de la Terre, auteur d'un livre intitulé *La Bombe P*, publié en 1968, qui s'est vendu à 2 millions d'exemplaires, il prône une population mondiale de 500 millions d'âmes. Sans oser décrire la méthode pour y parvenir.

L'environnementalisme est un défaitisme. Plutôt éliminer par paresse et lâcheté les individus que se remonter les manches pour les nourrir, plutôt se cantonner dans son pré carré que tenter d'accroître la production agricole en utilisant à bon escient toutes les ressources de la créativité humaine.

L'environnementalisme fait partie de ces doctrines qui veulent faire table rase du passé pour acheminer l'humanité au plus vite vers un futur naturellement radieux. Une utopie doctrinaire hors-sol dont on pouvait espérer que les expériences du XXe siècle nous avaient purgés. Hélas, pas totalement ! La peinture verte permet aux songe-creux anticapitalistes, jamais repentis de leurs théories totalitaires, de se

---

97. Cité par Luc Ferry dans une interview au *Point* le 21 août 2019 (https://www.lepoint.fr/societe/luc-ferry-la-tentation-de-la-violence-ecologiste-existe-depuis-des-annees-21-08-2019-2330884_23.php). L'épisode de la Covid-19 est bien trop bénin pour atteindre cet objectif.

recycler en propagandistes zélés d'une ruralité imaginaire. Les fameuses pastèques, vertes à l'extérieur et rouges à l'intérieur.

Les environnementalistes « modérés » se pensent bienveillants, surtout avec la nature. Ils sont, à y bien regarder, aux « fondamentalistes » ce que les compagnons de route, ces idiots utiles de la guerre froide, étaient aux bolcheviques staliniens : des dupes manipulées.

Les producteurs « bios » se sont emparés par effraction d'un mot, « bio », que tous les agriculteurs sont en droit de revendiquer puisque tous nous travaillons avec la vie et tous nous la soutenons. Ils doivent, comme tous les autres, se défendre, dans leurs champs, contre les adventices, les ravageurs et les maladies. Eux aussi doivent employer des pesticides et ils ne s'en privent pas. Une seule différence : les leurs sont biosourcés. Un gage de sécurité alimentaire ? Environnementale ? Comme si la « nature » était toujours douce et compatissante. Socrate est mort d'avoir avalé une ciguë parfaitement « bio ».

La pyréthrine « bio », contenue dans les pyrèthres a beau être d'origine naturelle, elle tue la plupart des insectes[98], y compris ceux considérés comme utiles, ainsi que les lézards, les grenouilles et les poissons, alors que les insecticides de synthèse modernes ne s'attaquent qu'à des familles spécifiques comme les pucerons tout en préservant les auxiliaires.

La très naturelle roténone[99], à l'origine d'une recrudescence avérée de cas de maladie de Parkinson, est enfin interdite, mais curieusement pas la bouillie bordelaise. Ahurissant. Sous prétexte que sa synthèse remonte au XIXe siècle, elle demeure autorisée. Il s'agit pourtant de sulfate de cuivre hydraté

98. Voir par exemple la publicité : https://www.hyprodis.fr/A-6005-insecticide-ecocert-pyrethre-viagreen-j4.aspx.

99. Roténone, puissant insecticide extrait de diverses plantes légumineuses, traditionnellement utilisé comme « poison de pêche » en Asie et en Amérique. Voir https://www.pseudo-sciences.org/L-agriculture-biologique-son-lobby-ses-pesticides.

mélangé à de la chaux éteinte. Un produit qui est donc issu d'une synthèse chimique on ne peut plus artificielle. Mais l'essentiel n'est pas là. La bouillie bordelaise contient du cuivre, un des métaux lourds dont la toxicité pour les consommateurs est amplement démontrée. Pire encore, ces métaux empoisonnent définitivement les sols. Une preuve : des décennies après l'arrachage de vignes traitées à la bouillie bordelaise, les céréales cultivées sur ces parcelles ont un rendement pitoyable. Les fongicides de synthèse modernes, eux - à base essentiellement de carbone, d'oxygène et d'hydrogène -, doivent être renouvelés chaque semaine, car ils sont dégradés par l'humidité et la lumière, gage de leur disparition rapide et par conséquent de leur innocuité.

Cette origine biosourcée des intrants est la seule promesse indéniable que puisse énoncer l'agriculture qui se dit « biologique ». Aucune étude sérieuse n'a montré une quelconque supériorité nutritionnelle ou sanitaire des productions « biologiques ». Pourtant ceux qui exploitent ce filon ont réussi à faire accroire à la plupart de nos contemporains qu'ils préservaient leur santé et leur environnement.

L'agriculture « biologique », le plus grand succès marketing du siècle. La pire de ses *fake news*. Fondée sur une répugnance instinctive et irraisonnée envers les trouvailles récentes du génie humain, elle prépare ses adeptes à être les victimes d'illusionnistes affairés.

Le glyphosate, exemple d'une manipulation juteuse

Prenons l'exemple emblématique du glyphosate. Tous les grands pays du monde disposent d'une agence chargée de la sécurité alimentaire. Aucune de ces agences, dans aucun pays, n'a cru bon de placer le glyphosate parmi les produits à risques. Seule une organisation dépendant de l'OMS, le

CIRC[100], l'a classé comme « cancérogène probable »[101], à l'instar de la viande rouge ou des boissons chaudes[102]. Bien moins dangereux que les boissons alcoolisées, la poussière de bois ou la viande transformée qui, elles, font partie du groupe 1, celui des produits « cancérogènes pour l'homme[103] », toujours selon le CIRC. Qu'importent ces subtilités, le glyphosate est devenu, « sociétalement » - mot derrière lequel on peut abriter n'importe quelle manipulation d'opinion - le dernier démon à la mode. Bayer, à la suite de Monsanto, est cloué au pilori à la face du monde pour être la « multinationaleprêteàempoisonnerl'humanitépourleseulprofitdesesactionnaires. »

Et si nous étions devant un véritable scandale ? Un scandale analogue à celui du vaccin contre la rougeole ?

En 1998, la revue médicale anglaise de référence *The Lancet* publie un article affirmant qu'il existe un lien entre un syndrome autistique et le vaccin contre la rougeole. Affolement immédiat. Effondrement partout dans le monde d'une vaccination pourtant pratiquée sans souci depuis un quart de siècle. Quatre ans plus tard, l'enquête d'un journaliste démontre que tout est faux dans cet article, que le médecin qui en est l'auteur est de mèche avec des avocats qui veulent soutirer de l'argent aux fabricants du vaccin dans le cadre d'une *class action*[104] et qu'il s'apprête lui-même à commercialiser un test de dépistage pour sa maladie fantôme avec lequel il prévoit de

100. CIRC : Centre international de recherche sur le cancer, agence intergouvernementale créée par l'Organisation mondiale de la santé (OMS).
101. Groupe 2A.
102. https://fr.wikipedia.org/wiki/Liste_des_canc%C3%A9rog%C3%A8nes_du_groupe_2A_du_CIRC.
103. https://fr.wikipedia.org/wiki/Liste_des_canc%C3%A9rog%C3%A8nes_du_groupe_1_du_CIRC.
104. Action en justice ou procédure qui « permet à un grand nombre de personnes, souvent des consommateurs, de poursuivre une personne, souvent une entreprise ou une institution publique, afin d'obtenir une indemnisation financière. » (source : *Wikipédia*).

gagner plusieurs dizaines de millions de dollars[105]. Le médecin en question est finalement condamné et interdit d'exercer la médecine. Mais la baisse de la vaccination qu'il a provoquée a conduit à une inéluctable recrudescence de la maladie qui, avec son cortège de complications, est à l'origine de morts par milliers, surtout en Afrique. Scandale avéré.

Que vient faire ici cette histoire de rougeole ? Elle est tout bonnement analogue à celle du glyphosate. Les ingrédients sont les mêmes. Le CIRC ne réalise lui-même aucune expérimentation. Il s'appuie sur de nombreuses études scientifiquement homologuées, les mêmes que celles utilisées par les agences de santé. Rappelons-le, aucune de ces agences, dans aucun pays, n'a conclu à la cancérogénicité du glyphosate. Seul le CIRC, relisant deux études plus de vingt ans après leur publication, déduit l'inverse en l'absence de toute donnée nouvelle. Les agences seraient-elles passées à côté d'un véritable problème ? Visiblement non puisque le rapport préliminaire du CIRC évoquait, à l'instar de la communauté scientifique, « des preuves limitées de la cancérogénicité pour les animaux ». Pourtant, le rapport final parle tout à coup de « preuves suffisantes » pour l'homme. Surprise ! Aucune nouvelle étude n'explique ce revirement. Au contraire, le suivi d'une cohorte de plus de 54000 agriculteurs américains pendant plus de vingt ans a confirmé récemment l'innocuité de la molécule[106].

Le véritable initiateur de la réécriture du rapport est un « spécialiste invité » par le CIRC, M. Christopher Portier. Il a pesé de tout son poids et obtenu ce qu'il désirait sans qu'aucun débat soit organisé avec les agences de sécurité sanitaire, alors même que celles-ci le souhaitaient. Mais dans la semaine qui a

---

105. Voir https://fr.wikipedia.org/wiki/Andrew_Wakefield et https://fr.wikipedia.org/wiki/Brian_Deer.

106. G. Andreotti et coll., « Glyphosate Use and Cancer Incidence in the Agricultural Health Study », *JNCI: Journal of the National Cancer Institute*, Vol. 110, Issue 5, May 2018, p. 509-516, https://doi.org/10.1093/jnci/djx233.

suivi la publication de l'avis controversé, il signait un contrat, qui aurait dû rester confidentiel, avec un cabinet d'avocats[107]. Contre une rémunération de 160 000 dollars, il devait collecter des informations pour préparer une *class action* contre Monsanto. Le CIRC, seul contre tous, maintient sa position[108]. Scandale à venir ?

En réalité des avocats sans scrupule voient dans les firmes qui fabriquent les produits de protection des plantes des eldorados dans lesquels il leur est loisible de puiser à condition de réussir à accréditer leurs fables. Aux États-Unis, un procès retentissant a condamné Monsanto à verser 289 millions de dollars à un jardinier atteint d'un cancer, somme « réduite » en appel à 78 millions de dollars. L'affaire a fait la une des journaux partout dans le monde. Quelques mois plus tard, l'avocat vedette de cette affaire est arrêté pour tentative d'extorsion de fonds. Il réclamait 200 millions de dollars[109] à une autre entreprise. En cas de refus, il promettait à celle-ci un glyphosate 2. Il s'apprêtait à répandre une rumeur fabriquée de toutes pièces selon laquelle le désherbant produit par cette entreprise était nocif et à mobiliser des plaignants dans une nouvelle *class action*[110]. En France, le silence médiatique autour de son chantage et de son arrestation est assourdissant. Consternant !

Un système de parasitisme s'est ainsi mis en place. Les acteurs des filières agricoles rendent des services avérés. Ils créent des richesses et des escrocs, marchands de peurs maîtrisant si bien leur communication qu'ils parviennent à diffuser massivement leurs mensonges *via* des médias avides trop facilement complices, s'enrichissent sans rien apporter à la société.

---

107. https://www.pseudo-sciences.org/Le-glyphosate-est-il-cancerogene.
108. https://www.iarc.fr/featured-news/media-centre-iarc-news-glyphosate.
109. De nouveau rabaissée à 20 millions de dollars en juillet 2020. Bayer fait naturellement encore appel de cette décision injustifiée.
110. https://www.justice.gov/opa/pr/virginia-attorney-arrested-engaging-scheme-extort-public-company.

La prolifération et la prospérité des ONG environnementalistes en sont la preuve.

Générations Futures, par exemple, n'hésite pas à propager les pires mensonges comme la prétendue présence de glyphosate dans les urines[111]. Elle organise des campagnes « désintox » (sic) ou des « semaines pour les alternatives aux pesticides ». Activités éminemment profitables. En 20 ans, tout en revendiquant moins de 2500 adhérents, elle a réussi à accumuler plus de 900 000 euros de fonds propres. L'association tapageuse coordonne, avec un sens aigu de l'opportunisme, ses campagnes fabulatrices avec les opérations commerciales de Biocoop, l'un de ses principaux contributeurs[112]. Quant au président fondateur de Générations Futures, François Veillerette, il a trouvé bon de changer de poste et d'en devenir le directeur salarié. Gageons qu'il saura tirer profit de cette manne.

111. https://www.atlantico.fr/decryptage/3578553/tests-de-biocheck--une-fraude-a-grande-echelle-dans-l-affaire-des-pisseurs-de-glyphosate--urine-agriculteurs-sante-environnement-marcel-kuntz

112. https://www.generations-futures.fr/wp-content/uploads/2017/03/rapport-2017-a-jour.pdf. Voir aussi https://www.generations-futures.fr/publications/thematique/idees-recues. L'article sur l'utilisation de pesticides de synthèse en agriculture « biologique » est un exemple réjouissant de sophisme éhonté.

Distinguer dangers et risques

Revenons aux pratiques agricoles. Il n'est pas question ici de minimiser la dangerosité des produits que nous employons, mais on doit garder à l'esprit que tout produit[113] représente un danger s'il est mal utilisé. L'eau est indispensable à la vie et pourtant on peut mourir d'en boire trop[114]. Ce qui compte au quotidien n'est pas la dangerosité intrinsèque d'un produit ou d'un procédé, mais le risque encouru par les utilisateurs, les consommateurs ou l'environnement. En supprimant herbicides, fongicides et autres insecticides, il arrive qu'on augmente les risques d'une façon dramatique. L'ergot de seigle, à l'origine du mal des ardents - 12 000 morts dans la région de Cambrai en 1129 -, avait pratiquement disparu grâce aux fongicides. Il réapparaît ainsi que diverses mycotoxines dangereuses à des doses infinitésimales[115].

Une expérience personnelle. Désherber des carottes était naguère une opération simple. Il suffisait d'attendre que les plantules aient six à huit feuilles pour appliquer un mélange de Potablan et de Dosanex. En quelques jours les mauvaises herbes s'étiolaient et les carottes continuaient de pousser sans problème. Efficacité et sélectivité conjuguées. Idéal précaire. La réglementation changea. Toutes les molécules durent être repassées au crible réglementaire. Sans qu'aucun exemple de toxicité fût rapporté, ces deux produits furent retirés de la vente. La raison n'en a jamais été explicitée.

Il fallut mettre au point de nouvelles méthodes de désherbage. On dispose à présent de quelques produits, tous peu efficaces sur les adventices et nocifs pour les carottes. Il faut

113. La toxicité directe, mesurée par la dose létale médiane, de la plupart des produits de protection des plantes, le glyphosate en particulier, est inférieure à celle de l'aspirine.

114. https://www.acme-eau.org/A-trop-boire-d-eau-la-mort-survient-experience-malheureuse-en-Californie_a1288.html.

115. https://www.pseudo-sciences.org/Les-mycotoxines.

pulvériser trois ou quatre fois des mélanges savants parcimonieusement dosés. Ceux-ci amputent le rendement de 15 à 20 % et ne tuent plus les mauvaises herbes mais se contentent de les nanifier. Sur mes parcelles, j'ai depuis toujours du datura, plante vénéneuse de la même famille que la belladone et la mandragore. À toute petite dose, un médicament, à dose plus élevée, un hallucinogène et très vite un poison violent. Chacun à la ferme est prévenu : dès qu'un pied de datura est observé, il convient de l'arracher. Tâche facile du temps du Potablan-Dosanex - il n'en poussait qu'en bordure de champ et il était aisément repérable - devenue quasi impossible à présent. Un datura nanifié se développe sous les feuilles de carottes mais parvient toujours à produire ses fruits toxiques. L'inéluctable se produisit. Dans des grosses carottes destinées à la fabrication de macédoine de légumes, des employés de Bonduelle trouvèrent des fructifications de datura. Arrêt immédiat. Élimination des carottes parvenues à l'usine, refus par principe de celles en cours d'acheminement et destruction des boîtes de conserve déjà fabriquées. Par chance, aucune d'elles n'était encore partie dans la distribution. Montant de la facture : 65000 euros, que mon assureur a heureusement bien voulu prendre partiellement en charge.

Les mesures décidées par Bonduelle étaient parfaitement justifiées. Chaque année des Français séjournent plus ou moins longtemps dans des hôpitaux pour avoir été empoisonnés par du datura. Le plus souvent d'ailleurs contenu dans des produits « bios ». Ainsi 18 intoxications ont été enregistrées dans le sud de la France en 2012 avec de la farine de sarrasin « bio ». On compte dans notre pays, entre 1999 et 2015, 1186 cas d'intoxication au datura dont deux cas mortels[116].

---

116. Voir : http://alerte-environnement.fr/2013/01/03/hallucination-due-au-datura-dans-le-bio-suite ou https://www.lemonde.fr/blog/realitesbiomedicales/2019/03/15/du-risque-dintoxication-apres-ingestion-de-datura-lherbe-du-diable, ou encore http://leparticulier.lefigaro.fr/article/rappel-de-farine-de-sarrasin-bio-

Constatons qu'une réglementation maximaliste, guidée par le « principe de précaution », a eu pour conséquence de substituer un risque avéré à un risque virtuel.

« Principe de précaution ». Cette expression est un monstre sémantique. Un principe est un impératif catégorique qui, par nature, ne souffre aucune restriction. La précaution est une vertu toute de subtilité et de discernement. La précaution, portée au niveau outré d'un principe, autorise à imaginer l'invraisemblable, l'irréel, l'impensable et à réglementer comme si c'était le probable, le concret, l'incontesté. Plus rien ne distingue le risque du danger. Plus aucune initiative n'est possible.

Pratiquer l'état de l'art

Précisons. Il ne s'agit en aucune façon de considérer les pratiques de l'agriculture moderne comme parfaites et immuables. Au contraire. Peu de professions acceptent aussi bien que la nôtre de se remettre en cause.

Encore faut-il que ce soit pour des raisons objectives, avérées et compréhensibles : meilleure qualité, risque sanitaire ou environnemental diminué, productivité améliorée, etc.

contenant-une-plante-toxique-pour-l-homme.

Encore faut-il ne pas prendre ses désirs pour des réalités.

Faisons à nouveau une analogie avec la médecine. Un médecin qui continuerait de soigner comme il y a 30 ou 40 ans serait un bien mauvais praticien. Pourtant il ne viendrait à l'idée de personne d'incriminer les méthodes employées à l'époque. Aujourd'hui, on n'exige pas d'un médecin qu'il supprime tout médicament ayant des effets secondaires fâcheux. Cela signifierait la disparition de tous les médicaments et la fin de la médecine moderne. On ne lui demande pas non plus de prescrire à tout-va. On lui demande instamment d'appliquer « l'état de l'art », c'est-à-dire les meilleures pratiques à l'instant donné, fondées sur une recherche constante d'amélioration.

Il me semble qu'on doit demander la même observance de l'état de l'art aux agriculteurs.

Meilleure pratique signifie ne jamais lâcher la proie pour l'ombre, ne jamais se laisser bercer d'illusions, mais chercher en permanence de meilleurs moyens de produire. Et c'est précisément ce que l'hystérie environnementaliste interdit. À nouveau le vocabulaire est soumis à rude épreuve. Moratoire devient synonyme d'interdiction. Le moindre doute conduit à la prohibition. La raison cède devant la peur. Et le résultat le plus immédiat, c'est un renchérissement insupportable de la recherche : 300 études sont nécessaires pour l'agrément d'un « pesticide », 200 millions d'euros pour la seule homologation en Europe[117], sans compter les frais de recherche exorbitants. Conséquence : un nombre infime d'entreprises sur la planète est capable d'investir de telles sommes, d'encourir de pareils risques financiers. Les fabricants de produits de protection des plantes qui subsistent ne peuvent plus s'intéresser qu'aux principales cultures mondiales, laissant en déshérence celles aux surfaces plus modestes comme les légumes.

---

117. http://blogresonnances.fr/mise-sur-le-marche-des-pesticides-mode-demploi.

Meilleure pratique signifie formation des agriculteurs. Les semences hybrides ont permis de formidables augmentations de productivité en maïs, colza, betteraves, etc. Résultat : on peut nourrir plus d'êtres humains sur une même surface. Une solution parmi d'autres aux défis du XXIe siècle. Mais ces semences possèdent une caractéristique intrinsèque. Si

l'on utilise leur production comme semence, le rendement est affligeant. Il faut donc impérativement acheter de nouvelles semences hybrides chaque année. Aucune intention maléfique, un simple état de fait technique connu depuis plus d'un siècle. Vendre des semences hybrides à des paysans convenablement formés et ayant accès à une économie « monétarisée » est plus que légitime. C'est un incontestable progrès. Vendre ces mêmes semences à des paysans ignorant ces particularités ou bien dans l'impossibilité de commercialiser leur production car contraints à une économie de subsistance peut devenir criminel. Ce ne sont pas les semences qui sont en cause, mais les connaissances de l'utilisateur et l'usage qui en est fait.

Tout comme la langue d'Ésope, ces semences constituent à la fois la meilleure et la pire des choses.

Ésope, le maître des fabulistes, vivait en Grèce au VIe siècle avant Jésus-Christ. Il était l'esclave de Xanthos. Un jour son maître décide de recevoir des amis et demande à Ésope de leur préparer le meilleur des plats. Ésope va au marché et y achète des langues. Les invités ne sont pas ravis de sa cuisine, mais Ésope leur explique qu'il n'existe rien de meilleur que la langue. Elle est la clef des sciences et de la vie civile, l'organe de la vérité, de la raison et de la prière. Avec elle on peut dire le beau, le bon et l'amour. Conquis par cette argumentation mais voulant mettre Ésope à nouveau à l'épreuve, Xanthos lui commande pour le lendemain le pire repas possible. Ésope va au marché et y achète des langues. Devant les invités ébaubis, Ésope démontre que la langue est bien la pire des choses. Elle permet le babillage, cause les disputes, est à la source des divisions et des guerres. Elle est l'organe de l'erreur, de la calomnie et du blasphème. Avec elle on suscite le laid, répand le faux et provoque la haine.

Ainsi sont les semences hybrides. Elles peuvent apporter le meilleur comme le pire. Il en va de même des engrais ou des produits de protection des cultures. Ceux qui prônent leur interdiction se trompent d'engagement. Ils feraient mieux de consacrer leur temps à une ONG comme Afdi[118] qui promeut la formation et l'autonomie des paysans partout où elle intervient, sans *a priori* sur les méthodes dès lors qu'elles ont prouvé leur sécurité, leur innocuité et leur efficacité.

Meilleure pratique signifie disposer de réseaux de conseillers avisés. En France, un scandale de même nature que celui du Mediator est inenvisageable en agriculture. Le Mediator était un médicament autorisé contre le diabète. Certains médecins, encouragés par le laboratoire fabricant, l'ont prescrit contre l'obésité alors qu'il ne possédait pas cette indication,

118. Afdi : Agriculteurs français et développement international, une ONG qui crée des liens entre paysans du Nord et du Sud.

causant ainsi plusieurs centaines de morts. Les médecins sont libres de leurs prescriptions, pas les conseillers agricoles. Ceux-ci ne délivrent pas une ordonnance mais seulement un conseil, et celui-ci doit être argumenté. Ils doivent remettre à l'agriculteur un document faisant état de leurs observations et justifiant leurs préconisations. S'ils ne le font pas, ils peuvent perdre leur agrément. Aucun n'oserait courir ce risque. De ce point de vue, l'alimentation des Français est mieux sécurisée que leur santé.

Quant à la séparation autoritaire du conseil et de la vente, c'est une mesure illusoire et inutilement coûteuse. La séparation séculaire dans notre pays entre la pharmacie et le cabinet médical n'empêche pas que nous soyons des champions de la surconsommation de médicaments.

Meilleure pratique signifie aussi producteur capable d'appliquer la réglementation. Ah ! Les mythiques petits producteurs perdus au fond de la campagne, connus de rares *happy few*, qui produisent qui du lait, qui de la charcuterie, qui des œufs ! « Goûtez, vous allez voir, c'est autre chose ! » Certes le goût est sans doute excellent, mais comment assurer la sécurité sanitaire, qui passe par des normes drastiques nécessitant des investissements conséquents, en restant un producteur confidentiel ? L'agroalimentaire peut encore faire des progrès en matière de qualité nutritionnelle ou organoleptique, c'est une évidence. Mais il assure une sécurité sanitaire inédite dans l'histoire des hommes. À la fin du XIXe siècle, plusieurs milliers de bébés mouraient chaque année en France en buvant du lait contaminé par des germes, listeria en particulier. Aujourd'hui, si quelques bébés vont à l'hôpital pour des selles anormales, on accuse la firme qui a assuré la conservation du lait de tous les maux. Et l'on tente de lui soutirer un maximum d'argent...

Transposons le phantasme du gentil petit producteur au domaine de l'aviation. Qui oserait monter dans un avion fabriqué entièrement à la main par le génial garagiste bricoleur du village ?

Quant aux circuits courts, ils consistent à ne pas faire confiance, par principe, aux compétences de producteurs plus éloignés - curieuse discrimination et contestable ségrégation - et à ignorer la réalité du bilan carbone des transports[119].

Small is not necessarily beautiful!

L'agriculture est une activité qui, comme les autres, doit utiliser tous les moyens disponibles au service de la satisfaction des besoins réels de ses clients. Une industrie comme les autres. La réalité doit prévaloir sur le funeste principe de précaution.

119. Un bateau vraquier utilisé pour le transport maritime des céréales émet environ 5,5 g de CO_2/t/km. Un camion équipé de benne céréalière 99,5 g. Du point de vue du CO_2, le transport d'une tonne de blé de Rouen à Dakar n'est pas plus « coûteux » que son transport de Montargis à Rouen. Source : http://www.bretagne.developpement-durable.gouv.fr/IMG/pdf/guide2_information_co2_cle7a3f22.pdf.

L'environnementalisme, un ersatz de religion

Face à la réalité de l'agriculture moderne, la stratégie des environnementalistes ressemble étrangement à celle des créationnistes face à la théorie de l'évolution : négation des évidences, renoncement à la raison, adoption d'une pensée magique. Ils ont si bien su asséner et répéter leur message qu'ils ont convaincu l'écrasante majorité de nos contemporains. Pas un agriculteur n'est épargné lors des repas familiaux. Vouloir parler d'agriculture moderne, c'est être d'emblée placé sur le banc des accusés. Aucun argument raisonnable ne permet de s'imposer.

Une ambiance d'affaire Dreyfus.

C'est donc que le débat s'est déplacé sur un terrain où la rationalité n'est pas indispensable. Le vocabulaire des environnementalistes va, enfin, nous aider. Quand on parle « bio », on parle de « sanctuaires » de biodiversité, d'agriculteurs qui doivent « se convertir », de comportement « vertueux ». On invente des mots nouveaux pour recycler de vieilles lunes. La « collapsologie » n'est autre que le millénarisme apocalyptique, et la nature mythifiée qu'une contrefaçon du jardin d'Eden. Le vocabulaire « bio » emprunte plus qu'à tout autre au religieux.

L'environnementalisme, une bien curieuse idolâtrie.

Depuis bientôt trois siècles, les Lumières ont cherché à faire prévaloir la raison fondée sur la logique aristotélicienne du tiers exclu. Elles y sont parvenues au-delà de toute espérance. La méthode scientifique qu'elles ont élaborée a conduit aux incroyables progrès décrits plus haut. Mais, voulant chasser l'obscurantisme et la superstition, elles se sont attaquées aux religions et aux traditions. Elles ont si bien pris le dessus qu'elles ont fini par faire disparaître le sacré. Singulièrement en France.

Pourtant l'homme, depuis la nuit des temps - en témoignent les plus anciennes peintures pariétales - a besoin de sacré, autant que d'air, que d'eau ou que de nourriture. On a chassé le sacré par la porte, il nous revient par une étrange fenêtre.

Le sacré donne accès à un monde différent du monde ordinaire. Pour y parvenir, il faut l'isoler et séparer du profane certains lieux, certaines périodes, certaines personnes. Clore certains passages pour baliser des chemins vers ailleurs. Placer des tabous afin de trouver une ouverture sur le tout autre. Un accès qui ne s'appuie pas sur la raison raisonnante[120]. La nécessaire séparation porte sur des éléments qui sont à la fois les plus quotidiens et les plus fondamentaux de la condition humaine, en premier lieu le sexe, la santé et l'alimentation.

La libération sexuelle amorcée il y a une cinquantaine d'années s'est targuée de lever tous les interdits en la matière. Si bien que le seul tabou de nos jours, c'est d'en conserver ne serait-ce qu'un seul. Il est possible que nous assistions au début d'un retour de balancier. #MeToo ou la lutte intransigeante contre la pédophilie sont bien éloignés de l'épanouissement sexuel dès le plus jeune âge prôné dans les années 1970. Admettons néanmoins que la « séparation » du sacré, c'est-à-dire les tabous sociaux, ne concerne pratiquement plus le sexe actuellement.

La santé, elle, est un terrain de lutte. Il est si tentant d'espérer la guérison de nos maux au moyen de miracles ! Nombre de charlatans s'évertuent à se faire passer pour des thaumaturges. On peut reconnaître aux meilleurs d'entre eux une qualité d'écoute que les médecins ne possèdent pas toujours. Si ces imposteurs prospèrent, depuis les marabouts jusqu'aux homéopathes[121], ils ne peuvent cependant pas réussir à occulter

120. Voir Mircea Eliade, *Le Sacré et le Profane*, Paris, Gallimard, 1965.

121. De multiples affections bénignes ont été traitées avec succès selon les dires de ceux qui ont utilisé des médicaments homéopathiques. Mais l'homéopathie, sortie un beau matin du cerveau à l'imagination fertile de Samuel Hahnemann en 1796, n'a jamais pu prouver qu'elle était plus efficace qu'un placebo, placebo qui peut guérir dans 40 % des cas, exceptionnellement jusqu'à 60 %. L'homéopathie, consistant à administrer des granules de sucre, a l'avantage de ne pas présenter d'effet secondaire indésirable, mais aucune personne sensée ne songe à se tourner vers elle pour soigner une affection grave. L'agriculture « biologique », elle, encourage le recours à l'homéopathie vétérinaire et ne supporte évidemment pas de médications issues

les réussites de la médecine moderne. Chacun de nous connaît des proches qui doivent la vie à des thérapies ou des chirurgies mises au point selon les règles rationnelles des sciences expérimentales. La raison ne peut donc pas être facilement ni massivement chassée du domaine de la santé. Celui-ci parvient, dans l'ensemble, à résister.

Reste l'alimentation. Son abondance, son coût minime, l'éloignement de nos compatriotes des conditions de sa production, l'absence de communication des producteurs, l'utilisation d'images nostalgiques et désuètes par les publicitaires..., tout concourt à une disjonction entre l'agriculture moderne et ses clients finaux. Une sorte de boîte noire les sépare qui permet d'attiser tous les phantasmes. Le besoin de sacré de nos contemporains peut s'y insérer et s'y épanouir. Chaque année connaît son nouveau tabou alimentaire. Il ne faut plus consommer de sucre, de lait, de protéines, de viande, c'est selon. Ce tabou se pare d'un vocabulaire pseudo-scientifique du même acabit que celui de Lyssenko[122] en matière de semences chez les Soviétiques ou de Günther[123] à propos des races chez les nazis.

Modes apparemment bénignes mais significatives qui laissent la porte ouverte aux interdits délétères, lesquels, nous l'avons vu, sont soustendus par des intérêts financiers parasites. À la condition que les foules se laissent berner. Pas d'OGM, pas d'engrais, pas de chimie de synthèse : une manière de suicide de la raison au bénéfice de quelques profiteurs qui se font passer pour des bienfaiteurs de l'humanité. Et ceux qui leur emboîtent le pas reproduisent sans s'en rendre compte les pires codes de la bigoterie du XIXe siècle. Ce nouveau sacré multiplie les tabous et finit par se constituer en ersatz de reli-

---

de synthèses artificielles.

122. Trofim Lyssenko (1898-1976) : technicien agricole et idéologue soviétique convaincu de la transmission génétique des caractères acquis. Il est à l'origine de l'échec tragique de l'agriculture et de la sylviculture soviétiques.

123. Hans Günther (1891-1968) : titulaire d'une chaire de « raciologie » à l'université d'Iéna, il est un des théoriciens de l'antisémitisme.

gion. Une religion régressive vaguement panthéiste. Après plus de deux mille ans, Gaïa, la terre mère, la déesse à la large poitrine, l'ancêtre des dieux et des hommes, renaît sous l'avatar de la planète qui aurait besoin d'être sauvée. Une sotériologie sens dessus dessous.

Les divinités étaient les planches de salut de l'humanité. Par un invraisemblable retournement, leur foi de néophyte enjoint aux environnementalistes de sauver leur déesse au détriment de l'humanité. Les adeptes de la moderne Gaïa vont jusqu'à assimiler l'être humain à un virus ! Qu'il convient d'éliminer, naturellement.

Une religion nourrie de dogmes mais dépourvue de spiritualité comme de tendresse. Rien de la sollicitude ni de la compassion dont font preuve le Bouddha ou le Christ. Rien de l'approfondissement de la foi conjuguée à la raison des chrétiens et des juifs. Rien de la délicate pédagogie des maîtres hindous. Rien des techniques d'accès direct à l'Être des hésychastes, des soufis ou des yogis.

Rien, si ce n'est une liste d'interdits délivrés par des maîtres à penser et des gourous qui répètent à l'envi leurs credo sur un rythme hystérique. Leur inquisition livre au bûcher médiatique les mécréants de leur doctrine antihumaniste, de la première religion qui se dresse délibérément contre l'homme. Une religion qui entrave au lieu de relier. Car si le sacré est, par construction, séparé du profane, c'est afin de nous relier à une autre dimension de l'expérience humaine. Aucune élévation ici, aucune spiritualité. Au contraire on reprend volontiers les méthodes et les pratiques des sectes.

Ainsi l'inénarrable Pierre Rabhi. Il enjôle par son aura et son look les tribus environnementalistes, attirant à lui dons et donzelles[124], mais une simple enquête journalistique démontre

124. Coline Serreau, Marion Cotillard et Mélanie Laurent entre autres *spécialistes* reconnues de l'agriculture.

que son agronomie ésotérique ne peut exister que par le recours au travail dissimulé non rémunéré. Même René Dumont[125] le traitait de sorcier. Retour au servage et à sa glèbe.

Le balancement entre périodes permissives et périodes moralisatrices semble une règle de l'Histoire. Les Suédoises en sont un symbole emblématique. Au stéréotype des femmes « libérées » sur papier glacé, l'époque a substitué une adolescente colérique et haineuse.

Retour à la raison ?

Revenons sur terre, celle qui se cultive au profit des êtres humains. Les contraintes environnementales se traduisent en législations cœrcitives un peu partout dans le monde. Les environnementalistes ont réussi à les imposer à la suite de leurs dogmes. La plupart n'ont aucun fondement. Inutiles et néfastes, elles coûtent des fortunes à l'agriculture[126] - fortunes qui devront naturellement être répercutées sur les consommateurs - et fragilisent la production à un moment où la population s'accroît toujours rapidement.

Nous serons probablement 10,5 à 11 milliards d'individus vers 2050 ou 2060. Ce sera le point culminant. Contrairement à une affirmation démagogique qui fit florès, une seule planète suffira bien pour nourrir la population. À condition d'utiliser toutes les ressources de l'intelligence humaine.

Si l'humanité devait manquer de nourriture, si elle devait affronter une famine d'ampleur, elle le devrait aux environ-

125. René Dumont (1904-2001) : agronome, professeur à l'Institut national agronomique, il est un des fondateurs de l'écologie politique en France et premier candidat de cette obédience à la présidence de la République. Auteur de nombreux ouvrages dont *Nous allons à la famine*, Seuil, Paris, 1966.

126. Arvalis estime par exemple à un milliard d'euros le coût annuel du renoncement au glyphosate en France. La fondation Concorde calcule 976 millions d'euros. Voir son rapport : https://fondationconcorde.com/wp-content/uploads/2017/07/Rapport-Glyphosate-version-finale-juillet-2017.pdf.

nementalistes malthusiens qui se sont fait les contempteurs d'une des plus belles réalisations de l'humanité : l'agriculture moderne, l'agriculture intensive. Mais je doute qu'on en trouve alors pour assumer leurs responsabilités.

Les environnementalistes ont empoisonné les esprits en parvenant à faire croire que ceux qui nourrissent les hommes en profitent pour les empoisonner. Ils ont empoisonné les âmes en faisant passer pour vertueux ce qui n'est qu'un lucratif programme politique[127]. Les environnementalistes, des empoisonneurs au grand cœur manipulés par d'authentiques fripouilles ?

Ira-t-on aussi loin dans l'absurdité ? Heureusement j'en doute. On commence à lire dans les grands médias que l'agriculture française figure en tête des classements mondiaux pour sa durabilité[128]. Un discours comme celui de Sylvie Brunel, géographe spécialiste reconnue de la faim dans le monde, qui prend position en faveur des OGM et de l'agriculture conventionnelle, c'est-à-dire moderne, est désormais audible[129].

Grâce aux réseaux sociaux, il devient possible d'expliquer clairement nos impératifs et nos pratiques. À condition que nous prenions enfin en main notre communication, nos contemporains verront à quel point ils ont été trompés par les marchands d'angoisse irrationnelle. D'ailleurs l'image des agriculteurs demeure plutôt bonne. Appuyons-nous sur elle pour apporter aux questions de l'alimentation la sérénité, la clarté et l'objectivité qu'elles méritent.

N'ayons pas peur.

---

127. « Tout commence en mystique et finit en politique » (Charles Péguy, *Notre jeunesse*, Cahiers de la quinzaine, Paris, 1910).
128. https://foodsustainability.eiu.com/1512-2.
129. Sylvie Brunel a publié de nombreux ouvrages, parmi lesquels *Toutes ces idées qui nous gâchent la vie : Alimentation, climat, santé, progrès, écologie...*, JC Lattès, 2019.

« Prendre les démons pour des démons, voilà le danger.
Les savoir vains, voilà le chemin.
Les comprendre « tels qu'ils sont », voilà la délivrance.
Les connaître comme père et mère, voilà leur fin.
Les admettre comme créations de l'esprit
Et ils se changent en ornement.
Ces usages ainsi connus, le Tout est libéré. »

Milarépa (1040-1123)[130]

130. *Milarépa : Les Cent Mille Chants*, « L'Ogresse du roc Lingba », tome I, p. 73, traduit du tibétain par Marie-José Lamothe, Fayard, Paris, 1986.

REMERCIEMENTS

Je veux d'abord témoigner ma reconnaissance aux adhérents de la Coopal, de Prim'allia, de Covipom, d'API et d'Expandis pour la confiance qu'ils m'ont témoignée au long de toutes ces années. Si dans ce livre je fais part de mon expérience et de mon ressenti, c'est bien leur histoire qui est racontée. Une histoire dont ils sont ensemble les concepteurs, les auteurs et les acteurs. Une histoire que je leur souhaite de poursuivre longtemps dans le respect des lignes qu'ils ont eux-mêmes tracées.

Je dois également exprimer ma gratitude à tous ceux qui ont permis à notre organisation de prospérer.

En premier lieu aux collaborateurs qui montrent quotidiennement leur attachement aux valeurs coopératives qui constituent notre socle. Sans leur énergie, leur patience, leur investissement et souvent leur abnégation, nous n'aurions pas pu réaliser nos projets. Une longue suite de visages m'apparaît en écrivant ceci. Ne pouvant tous les citer, il n'en faut nommer aucun. Dommage.

En second lieu à nos clients. Nos relations nous ont permis d'œuvrer de concert à l'alimentation saine, abondante et bon marché de nos contemporains. Au-delà des inévitables vicissitudes du commerce, j'ai toujours admiré la rigueur avec laquelle chacun exerçait son activité.

Il est également impossible d'oublier tous ceux qui nous ont rendu des services indispensables : les administrations et les organisations professionnelles, même si je les ai parfois égratignées dans cet ouvrage, les entreprises de travaux agricoles,

les transporteurs, les fabricants de matériel, les banquiers, les assureurs, les experts-comptables. Bien d'autres. Tout ce tissu économique dans lequel se noue une interdépendance qui est, au fond, la véritable solidarité humaine.

Je tiens à remercier spécialement mes premiers lecteurs : Éric Béguin, François Bobin, Jean-Claude Dauphin, Alain Dellis, Bernard Gandon, Dominique Lemoine et Jean-Pierre Lemoine. Ils ont pris le temps de relire mon manuscrit et l'ont significativement amélioré. Il va de soi que si des erreurs subsistent, elles sont de ma seule responsabilité.

Enfin je ne parviendrai jamais à suffisamment exprimer tout ce que je dois à Marie, mon épouse, qui durant toutes ces années, m'a soutenu, encouragé et inspiré nombre d'initiatives qui ont fait progresser Expandis.

Merci.

TABLE DES MATIÈRES

Dépôt légal : septembre 2020

Made in United States
Orlando, FL
04 November 2026

90204431R00133